TBC Times Business College / 时代商学院

会图解思考的人最厉害

受用无穷的 38 种思考法

王友龙 —— 著

修订本

北京时代华文书局

图书在版编目（CIP）数据

会图解思考的人最厉害 / 王友龙著. -- 修订本. -- 北京 : 北京时代华文书局, 2018.2
ISBN 978-7-5699-2235-6

Ⅰ. ①会… Ⅱ. ①王… Ⅲ. ①思维方法—通俗读物Ⅳ. ①B804-49

中国版本图书馆 CIP 数据核字（2018）第 001912 号

北京市版权著作权合同登记号 图字：01-2017-1734 号

本书简体版由作者王友龙授权北京时代华文书局有限公司出版

会图解思考的人最厉害（修订本）

HUI TUJIE SIKAO DE REN ZUI LIHAI（XIUDING BEN）

著　　者｜王友龙

出 版 人｜王训海
策划编辑｜胡俊生
责任编辑｜周连杰　余荣才
装帧设计｜观止堂_未氓　王艾迪
责任印制｜刘　银

出版发行｜北京时代华文书局 http://www.bjsdsj.com.cn
北京市东城区安定门外大街 136 号皇城国际大厦 A 座 8 楼
邮编：100011　电话：010-64267955　64267677

印　　刷｜固安县京平诚乾印刷有限公司　0316-6170166
（如发现印装质量问题，请与印刷厂联系调换）

开　　本｜710mm×1000mm　1/16　印　张｜15.75　字　数｜221 千字
版　　次｜2018 年 6 月第 1 版　印　次｜2018 年 6 月第 1 次印刷
书　　号｜ISBN 978-7-5699-2235-6
定　　价｜48.00 元

增订本序

这本《会图解思考的人最厉害》增订本的特色是，针对生活中常用的图解思考工具加入了生活应用的实例。书中共有思维导图、九宫格图、艾森豪威尔矩阵、鱼骨图、流程图与树形图等6个主题，均附有生活案例说明，并新增SWOT分析表、PMI列举表、CAF思考表、决策矩阵与检核表（表格类）等5个生活中也会用到的主题。最后，在附录中增加了一项“图表达人公开表单应用秘笈”的教战守则。这是我在日常生活中运用图表思考解决问题的实际经历，希望这项经验之谈，能帮助读者解决生活中的大情小事。

人类学习事物的主要目的在于能举一反三、学以致用，经由运用的过程，就能加深与累积印象，从而终身不容易忘记，对于图解思考也是如此。

王友龙

2017年7月于台北

目　录
CONTENTS

第三章　图解思考的工具应用篇

第四章　运用“三图一表”分析事物与解决问题

附录

第一章

认识图解思考的世界

一、大脑思考与图解思考的优点

在地球上发展出高度文明的现代人类，在生物学的学名分类上，属于Homo Sapiens，也就是智人。智人成人脑部的重量约1,300～1,500克——这是我们与其他动物之间不同的地方，由大脑（cerebrum）、小脑（cerebellum）与间脑（diencephalon）组成。其中，特别发达的部位就是大脑，它以一条前后走向的中央深沟区分为左右两个半球，它们各有不同的功能。左半球（左脑）负责语言、文字、数字、分析等逻辑性思考，属于理性与逻辑领域；右半球（右脑）则负责空间认知与图形、影像、音乐、绘画等创意性的思考，属于感性与直觉的领域。左右半球以称为胼胝体（corpus callosum）的神经纤维束相互连接并交换信息。有一位美国作家说得相当贴切，大脑左半球能进行详尽深入的分析，右半球则能抓住大格局的整体样貌。

此外，整个大脑有多达一千亿个称为神经元的神经细胞（neuron），以神经纤维相互连接，当大脑接收到信息时，会发出微弱的电流，沿着神经纤维不断移动到相邻的神经细胞，这就是“思考”产生的原理。

当我们阅读图形化的信息时，会同时用到左右脑的功能，如果是纯文字或数据时，就只用到左脑的功能。因此，当我们将文字、数据进行加工处理，成为“图解”交给他人阅读时，对方在第一时间就能抓住数据的整体样貌，还能知道所有项目之间的关系，这都是图解的影像化带来的效果。

所谓的“图解力”并不是指画图的能力，而是指运用可视化的图像（包括图表）来分析事物，让思考的过程“具体化”，以整理与厘清绘图者或阅读者的思路，从而找出答案，解决问题。由于图解的绘制过程，牵涉到深度思考与解读事物的能力，因此，图解力可说是一种“运用图形来思考，以理解事物或问题的本质”的能力，是绘图者的解读能力与思考能力的双重展现——具体呈现在图像上。“图解”的涵盖范围也很广，关联图、流程图、统计图表、插图、地图、照片等，都是图解的表现形式。有时，一份图解是以上不同要素的综合运用。例如，在企划书中的关联图部分，视情况加入数张插图，在视觉表现上会让人印象更深刻。然而，绘制图解也不能随心所欲，一切必须以能让对方清楚理解为原则，也就是要站在对方的角度思考并制作图解。

欧洲在十六和十七世纪的大航海与地理大发现时代，随着帝国势力向海外扩张，对“地图”有了很大的需求（那时，有些欧洲最优秀的地图绘制师来自意大利）；而一旦到了新发现的地方，就会绘制栩栩如生的动植物“插图”作为记录或出版之用。另外，欧洲人早在十九世纪初期就已在使用“统计图表”。有一位叫查尔斯・乔瑟夫・米纳德（Charles Joseph Minard）的法国工程师，绘制了一幅拿破仑在1812年东征俄罗斯失败，后来节节败退的统计图表。这是历史上相当知名的一幅行动图像的杰作，图中显示五条信息：军队规模、移动方向、地点、时间与气温，上方的宽带左边显示拿破仑的军队在一开始有42.2万人，但入侵俄罗斯后，逐渐减少到10万人，最后只有1万人撤退到法国，士兵战损比例高达97.6%，相当惊人；下方显示军队在寒冬期间的撤退路径（黑色线条）与长达3个月撤退期间的温度变化。这幅图解陈述了一个清晰、丰富又条理分明的军队伤亡故事，比起单纯地用口头或文章陈述，更有视觉上的震撼效果。最后，当法国的大臣看到这幅图表时，都立刻涌出如椎心之痛般的感觉，无不痛哭失声，这是图解在传递信息时产生的生动与传神效果。

图 1.1.1　拿破仑1812年东征俄国失败图

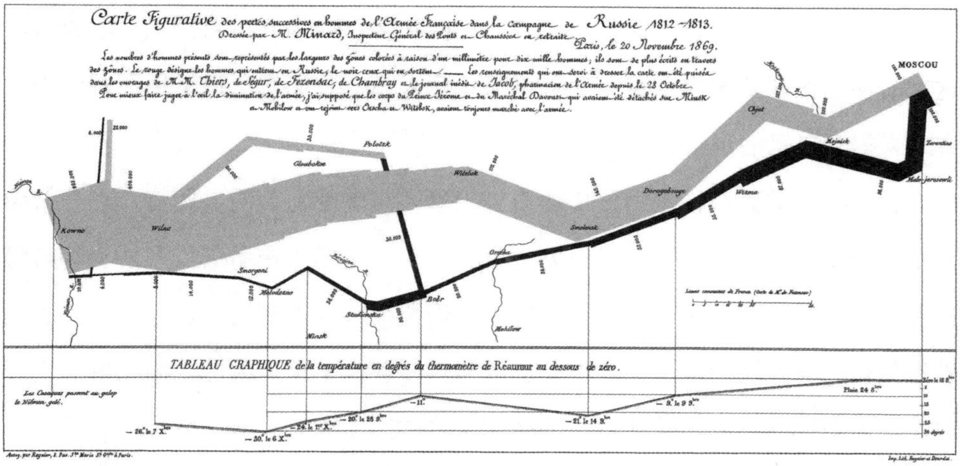

（来自维基百科：查尔斯·米纳德绘制的拿破仑3月份行动图表）

图解也比冷冰冰的文章更容易让人理解，更有亲和力，很适合短时间内用来传递重点信息，从而提升沟通效率。由于图解不仅能清楚地标示出每个要素之间的相互关系，也能让我们从浏览全局（俯瞰）的角度，快速掌握整体事件或问题的样貌。因此，图解也能用在分析问题的原因上，从而找出最适合的解决对策。同时，可视化的图解也能让人得到许多启发，激发出更多的灵感与创意。例如，日本的丰田（TOYOTA）汽车公司设有一间“Obeya”（oh-bay-ya的日文发音缩写，是大房间的意思），它是丰田汽车公司所有小组计划的神经中枢。它不仅提供小组讨论会所需的场地与软硬件，也通过图表化的视觉接口，让问题浮现出来，并加以解决。在Obeya的“工作墙”上，汽车设计、生产课题、工程计划、问题解决表格……都以可视化的图表加以展示，并将所有信息以区块化的图解方式留存在一张A3纸大小的企划书上（A3是丰田汽车公司的标准报告格式）。

同时，我们必须先运用逻辑性思考，产生一个清晰正确的逻辑论述，并将要说的重点整理得条理分明，才能制作出具有说服力的图解。因此，这是一种以“理”服人的沟通方式，而不是用暴力或说话时发出大声的以“力”服人方式，只有用道理与逻辑才能收服人心，进而让客户或沟通对象采纳你的建言，这就是使用图解的最重要目的。从这个角度来说，我们也可以运用图解的表达方式来提升自己的逻辑思考力，这两者是密切相关的。

正因为图解具有说服力、传达力、想象力与感受力的明显优势，也具备简明易懂的特性，因此，图解已成为全世界都在使用的“通用语言”。当参与讨论的人员有不同意见时，大家可在同一个沟通接口（图解）上进行讨论，有利于新创意与新想法的提出，并快速达成共识，获得结论。因此，用图解作为表现重点的企划书/提案书就称为“可视化”的文件接口。

正因为图解具有以上这些特性与优点，也由于民族性使然，日本人非常喜

图 1.1.2 “图解”的目的与优点

◎目的	沟通与说服，让对方采纳自己的观点
◎制作原则	具有逻辑性，让对方能清楚理解，一看就懂
◎表现形式	流程图、统计图表、插图、地图、照片……

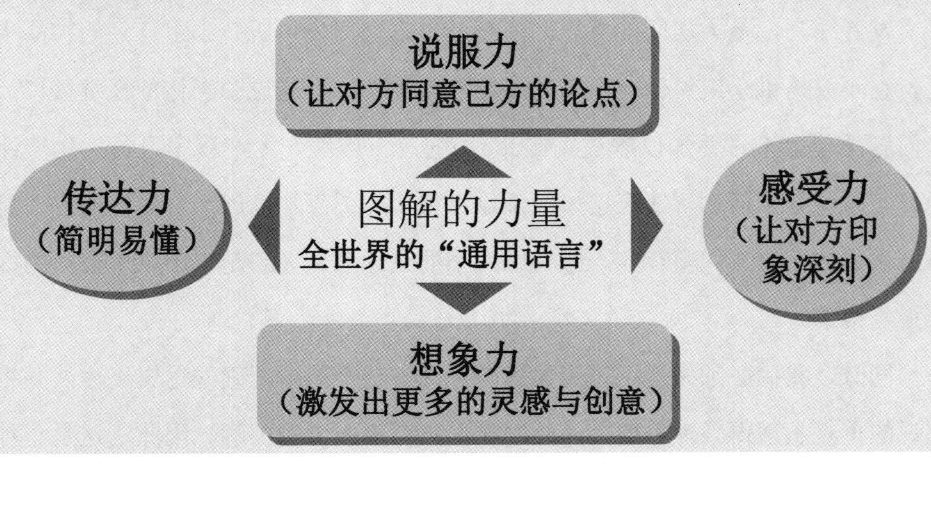

爱使用丰富生动的图解来阐明事件及事物之间的关系，图解的表达方式早已渗透到日本人的日常生活中，包括企划书、书籍、报纸、杂志、宣传页、样册、产品说明书、网站、电视新闻、电视节目等平面与电子媒介，无所不在。日本，可以说是一个强势的“图解大国”与“内容（content）大国”。

二、认识图表设计的领域与分类

我们都会习以为常地进行文字书写，不论你是用笔写在纸上或以手指头敲击计算机键盘呈现在荧屏上，文字都是我们非常熟悉的一种记录符号，通过阅读思考与书写文字，我们才能将想法传递给别人并延续下去。但是，在文字领域之外，还有一个更广大的世界有待我们去探索、去学习，那就是“图像思考”的领域。

文字要靠我们逐字逐句地阅读，才能理解其中的内容，但如果能运用图像作为视觉传达的方式，就更容易让人快速理解，因为有时一个简单的图像胜过千言万语。这些图像的世界除了绘画、照片、插图、影片与动漫画等类型外，还有以各种图表呈现的各种符号，包括我称为“图解思考”在内的思考整理工具。这些与文字阅读有所不同的图像符号，属于平面设计的图表设计领域，共有五大家族。

A. 示意图

主要有关联图、流程图与系统图三种，这是本书要探讨的重点，我们常听到的树形图、鱼骨图，就属于这一部分——告诉我们如何画出图解的图形并进行思考与解决问题。对这三种图解方式的说明如下：

a. 关联图

又称关系图或概念式图解，具有文字、几何图形与箭头三种要素，说明某个原理、事物或事件的发生过程与因果关系，这是一种相当实用的视觉沟通工具。

b. 流程图

这是一种具有清楚指向性的图解方式，呈现事物的先后顺序与步骤，与解决问题的方法或进度有关。例如，与工作安排有关的“计划评核图”（PERT）就是流程图的一种。

c. 系统图

资料归纳整理后，将每一种要素以外框标出，再以线条连接每个要素，呈现出所有要素之间的从属关系的图解方式，如组织结构、家谱图。

B. 统计图表

包括统计图（如条状图、圆饼图）与表格两种类别，适用于数字性的数据，但表格也具有文字性的数据列表/一览表的功能。

C. 地图

涵盖一般地图与专业地图两类，专业地图包括资源分布、旅游指南、导引等具有不同目的与功能的地图种类。

D. 界面图

又分仪表界面（如钟表、指南针）与操作接口（与产品的控制面板有关）两类。

E. 历法图

与日历、月历和年历等有关，具有传达时间概念的功能。

我们在工作或研究报告的写作上，较常运用到示意图与统计图表。为此，我们应该熟知示意图的制作技巧与各种统计图表的正确运用方法，以及可视化表现的方法。这对充实我们的企划案或论文写作会有很大的帮助。

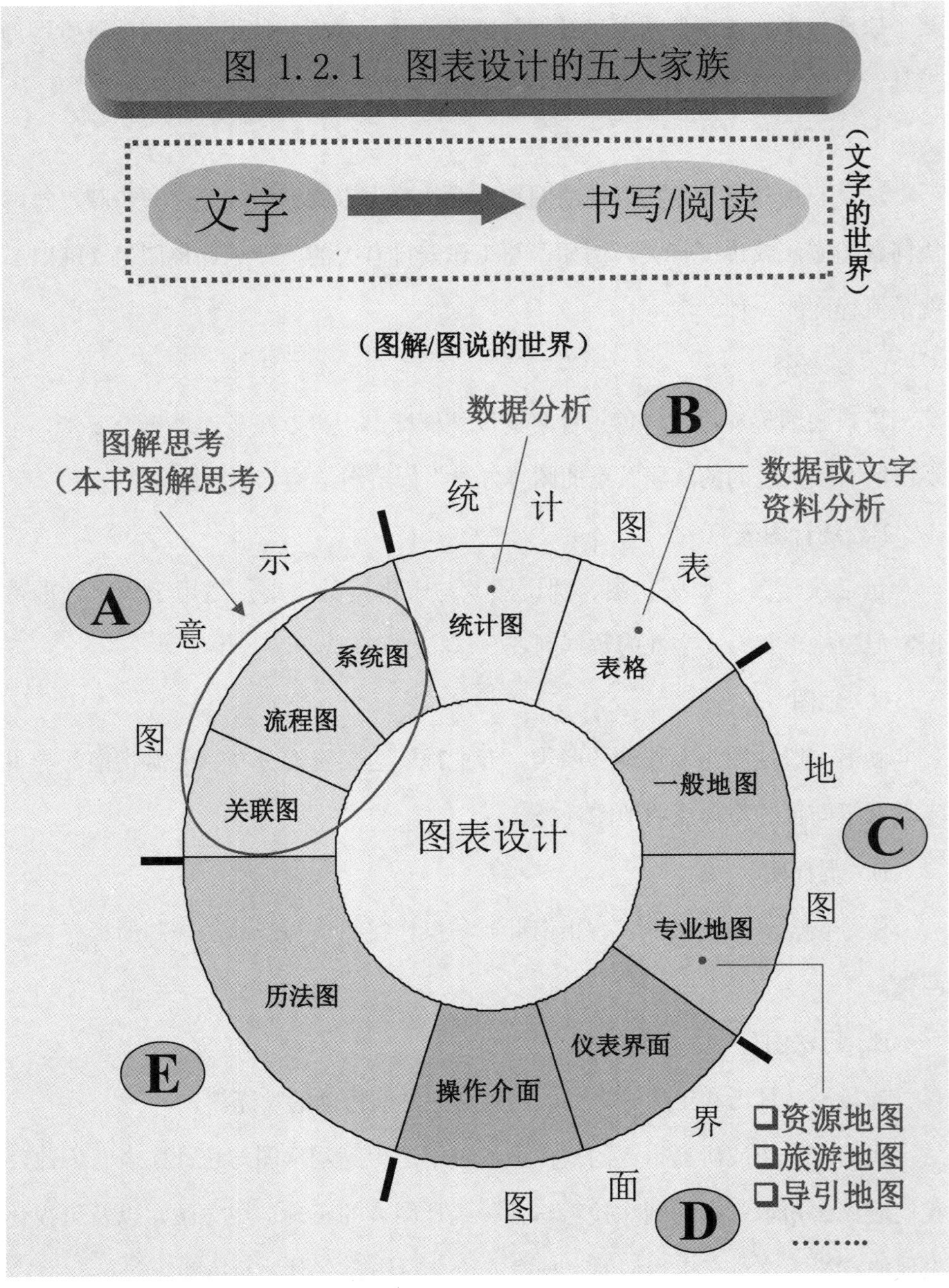
图 1.2.1 图表设计的五大家族
文字
书写/阅读
（文字的世界）
（图解/图说的世界）
数据分析
B
图解思考
（本书图解思考）
数据或文字
资料分析
统
计
图
表
示
意
图
A
系统图
统计图
表格
流程图
关联图
图表设计
一般地图
地
C
图
专业地图
历法图
仪表界面
操作介面
E
界
面
图
D
❑资源地图
❑旅游地图
❑导引地图
……

图 1.2.2　“示意图”范例

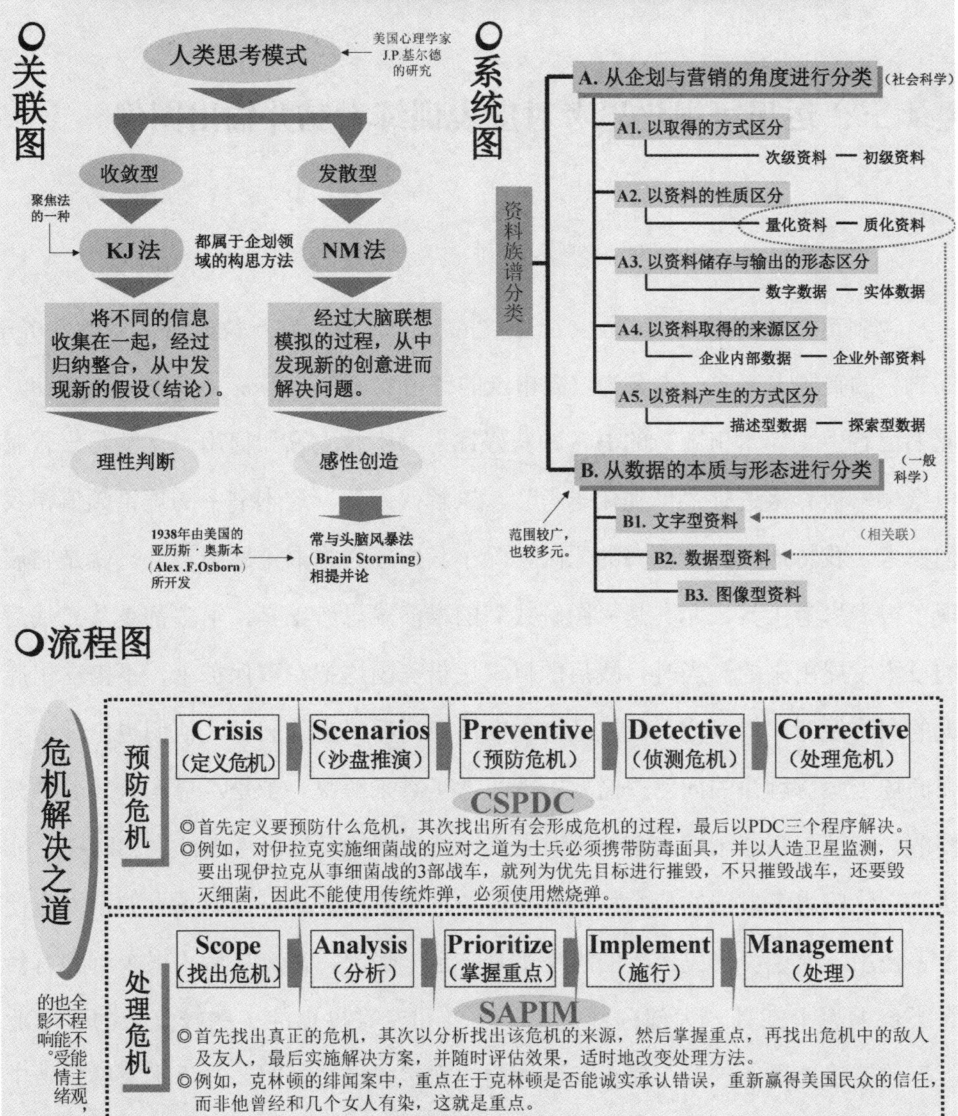

来源：邱强《危机管理哲学》

三、运用可视化思考对应表训练大脑并输出图像

说到可视化思考（visual thinking）的领域，有一位叫丹·罗姆（Dan Roam）的美国人写了一本名为《餐巾纸的背后》（*The Back of the Napkin*，此书已有中文译本出版）的书，颇获好评，书中教大家如何用一支笔与一张餐巾纸（白板）来进行“可视化思考”，以解决问题。这本书中的理论颇值得我们参考，我特地提到这本书的原因，除了其内容与本书主题契合外，就是它展现了很多思考工具，尤其是“图解式”的推演式思考工具，很多都是从二战后的日本发展出来的。当时，战后的日本凭借美国这把军事保护伞，不需支出庞大的国防经费，得以全力发展经济。在商业活动兴盛的同时，他们也出现很多在商场上亟待解决的问题，需要一些思考工具来解决。于是，日本人凭着讲究图解、细节与精益求精的个性，发展出一些全球知名的思考方法，如KJ法、NM法等。这些思考方法的最大特色是可以通过图解的方式，让职场上的个人方便上手使用，属于“平民版”的思考工具。至于美国，在二战后，很少听到有什么类似的思考工具，大部分都是一些学者和专家提出的一些较复杂的“专业版”的策略性思考工具，属于长篇大论的文字式推演说明，与日本发展思考工具的方向完全不同。我们往往要具备一定程度的知识与经验，才能看懂这些商业理论，像丹·罗姆的图解式思考法就较为少见。话虽如此，美国在二战前所

开发的“头脑风暴法”（Brain Storming）与“甘特图”倒是广为人知。后来二战爆发，为因应战争需求与军需品的生产，美军发展了许多高级的思考与控制工具，例如，以科学方法追求组织或系统最佳运作的新兴学科——“作业研究”（operation research），但是，一般人很难上手使用。战后，美军的一些高级思考工具也被商业人士采用，并一直使用到今天，如知名的计划评核图（PERT）就是一例。

◎可视化思考对应表的原理

现在言归正传，看看丹·罗姆的那本书说了些什么？他提出“可视化思考”共有4个步骤的概念——观看、观察、设想与呈现（展示），类似一种“过滤器”（filter）的原理，例如，上级主管吩咐我们写一篇报告，我们会先想一下这个报告的主题需要收集哪些数据（观看），接着找出其中最重要的部分（观察），再以最有效的方式传达信息（设想），最后向主管做演示报告（呈现或展示）。

现在将这四个步骤说明如下：

1. 观看（look）

就是先浏览环境，掌握周遭事物的变化，一边收集信息，一边接收眼球所传回来的视觉信息。先对周遭的环境与情况做初步的评估，再有所回应（如抛出问题），这是一种收集与筛选的过程。

2. 观察（see）

找出需要进一步分析的信息，从中看出规律与模式，这是大脑更有意识的运用，其中，包括选择与归纳技巧的运用。

丹·罗姆在书中也介绍了将事物拆解成六种（4W2H）抽象意念的观察技巧：Who&What（辨认主体）、How many&How much（确认数量）、Where（所在的空间/位置）、When（时间的推移）、How（描述因果关系）与Why（事情的原因），只要掌握住“4W2H”的前后变化，就能进一步找出事物的模式，并转换为具体的图表输出与呈现，作为与别人沟通及说服他们的工具。

3. 设想（imagine）

运用理解与想象，找出这些规律与模式背后的意义，也就是进一步分析信息加以破解，这一部分可用“SQVID想象架构”来做推演。

4. 呈现（展示）（show）

一旦我们发现新的观点与结论，就必须将步骤1～3的东西加以归纳与组织，以最佳的可视化架构做成演示报告，并加以呈现与说明。

丹·罗姆的核心理论是运用观察阶段的“4W2H”与设想阶段的“SQVID想象架构”所交叉形成的“可视化思考对应表”（visual thinking codex）的矩阵，可以解决从抽象概念的厘清到实体图形样貌的输出呈现等一连串问题。这种矩阵含有“检核表”的性质，可以按表搜寻。此外，他在书中也提出一种观念，就是运用上述方法进行思考，不需要用到计算机绘图，只要简单的一支笔与一张纸，就可以用手绘图的方式进行演练。因此，这本书的图例与图解都是以手绘图制作而成，这也是该书的一大特色，我同意此种观点，但仅限于前置作业或非正式场合（如与同事私下讨论）使用手绘图来做说明的情形。如果是在正式场合，例如，对客户做演示，还是必须将这些图表用计算机软件做出来，加以呈现与说明。

◎可视化思考对应表的形成与使用方法

可视化思考对应表是由“4W2H”与“SQVID”形成的矩阵构成，所谓的4W2H指的是6种观察事物的方式，将事物以6种不同的层面进行分析，再选择想要强调的重点，以挑选适合的图形类型。现在加入自己的观点，以表格的形式将其整理如下：

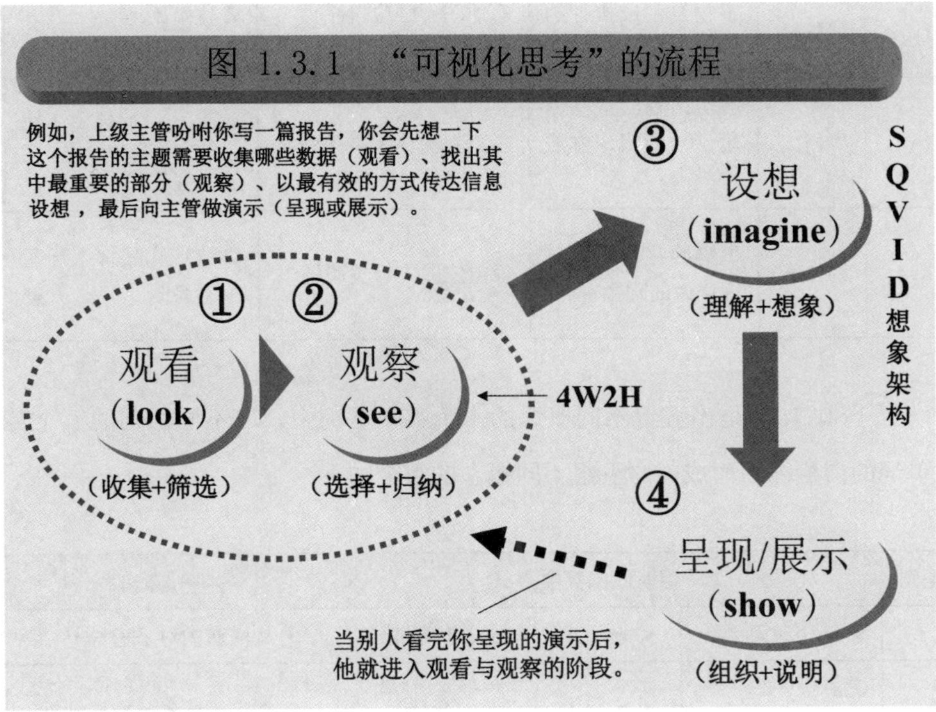

英文	中文	说明	呈现的图像	具体范例
Who/What	谁/什么	对象或主体的说明	◎插图　◎照片 ◎素描　◎线条图 （+质化的文字说明）	◎消费者“生活形态”（life style）分析
How many/How much	多少	物件的相对数量（量化的数字表示）	◎柱形图　◎条形图 ◎数字式表格	◎2011年1～6月产品类别销售量比较图（柱形图）
When	何时	做事的进度	◎时程图 （与“项目管理”的规划领域有关）	◎甘特图 ◎计划评核图 ◎个人“时间管理”

Where	何处	事物发生或执行的地点	◎地图 ◎位置图 ◎坐标系统	◎建筑工地 ◎市场调查执行地点
How	如何	解决问题的策略、建议、步骤、方法等	◎流程图（因果关系）	◎产品生产流程优质化对策报告书
Why	为什么	事情的背景说明与这样做的理由	◎定位图 ◎关联图	◎沐浴乳品牌市场竞争态势图

至于SQVID，是由五组不同概念的十个英文单词中，取不同组别的五个英文单词的前缀缩写而成，这五组不同概念的组合如下：

组别	相对应的英文单词			说明
1	Simple（简单）	←→	Elaborate（精细）	从沟通的对象考虑
2	Quality（质化）	←→	Quantity（量化）	文字描述←→数据分析
3	Vision（想法）	←→	Execution（做法）	往哪里去←→如何到达那里
4	Individual（个别）	←→	Comparison（比较/整体）	自我的认知状态←→竞争者分析
5	Delta（变化）（希腊文）	←→	Status quo（现状）	未来可能的演变←→现况描述

SQVID是一种二选一的选项概念，其中，左方属于简单、质化、想法、个别与变化的SQVID层面，较偏向“创意”的直觉元素，而右方属于精细、量化、做法、比较与现状的EQECS层面，较偏向“理性”的分析元素，是我们所熟知的商业属性概念。选择哪一层面的概念或是想强调哪些属性，要依自己与对方的观点、立场思考这五个层次的问题。例如，沟通对象如果是专业经理

人，用SQVID架构的重点应放在数据分析与解决问题的对策上。反之，如果是针对一般大众，例如新闻媒体的报道，就应尽量用简单、易比较、清楚易懂的图表来进行说明。

最后，将SQVID（5栏）×4W2H（6列）就可以产生具有30格的矩阵（表格）。原则上，要依据诉求对象、数据形态、沟通方式等的不同，选用最适合的图形做呈现。方法是，先选择垂直轴的4W2H（6选1），再选择水平轴的SQVID（5选1），依此路径即可选出最适合呈现的图像类型，再输入数据制作图像，最后，用这些图像与别人分享我们的想法或是向沟通对象做演示报告，以获得认同与采用。

在SQVID×4W2H形成的可视化思考对应表中的图形类型，彼此间还可以结合在一起，形成另外一幅图形。例如，将呈现“多少”（数量）的条状图与显示“何时”（时间）的时间图结合在一起，就成为时间序列图。

此外，在与诉求对象的沟通上，你可以选择不止一种图形向对方做演示报告，以完整呈现问题或事件的轮廓与样貌。例如，你可以用条状图、时程图、流程图、时间序列图等不同类型的图形，向特定主管进行演示汇报。

图 1.3.2 “可视化思考对应表”的使用方法

假设是牵涉时间进度的问题，第一步先在4W2H的垂直轴中选择可以呈现When（时间）的时程图，第二步则思考沟通对象为项目管理者，选择以“精细”“量化”与强调“做法”的方式来制作时程图。

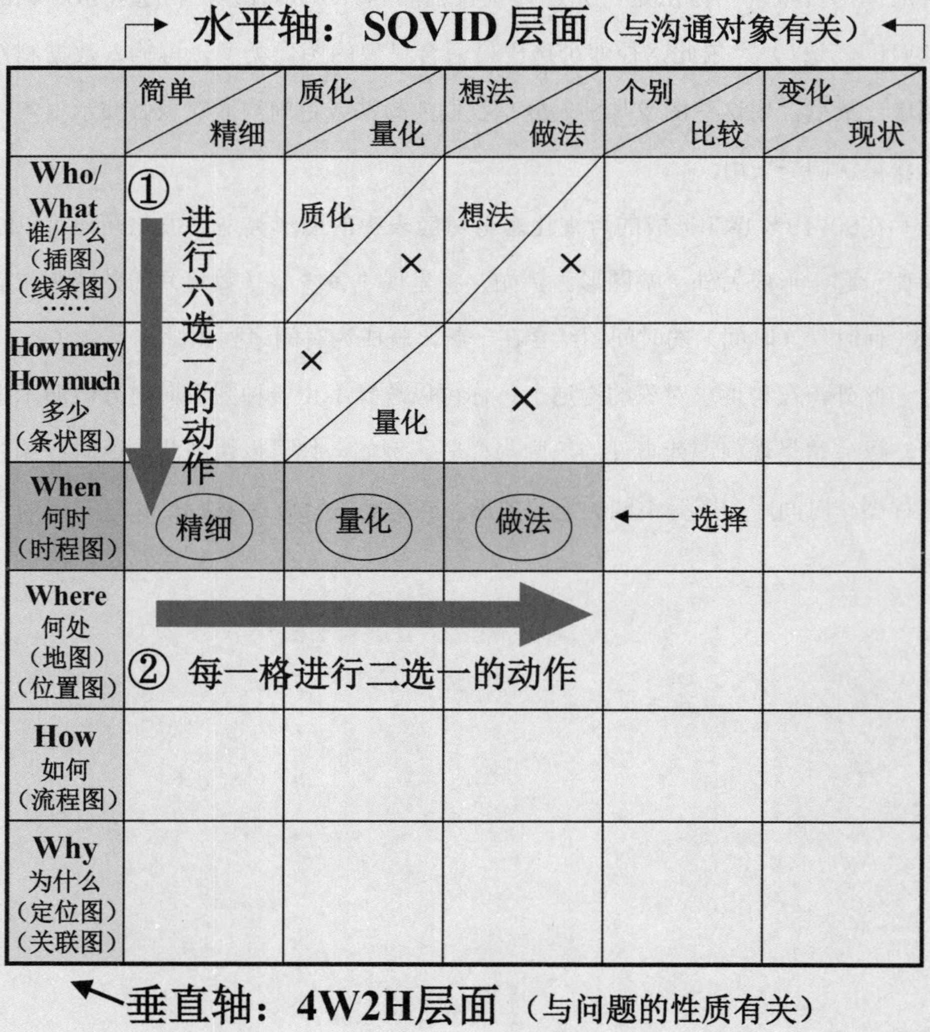

第二章

一定要懂的基本概念

一、陈述事情或撰写文章/报告的金字塔结构法

金字塔结构法（pyramid structure）是我们在文章或报告写作上，经常使用的一种归纳式（induction）架构写作法，即运用逻辑学上的归纳原理，将原本分散的事物进行整理与归类，并厘清与规范它们之间的层级关系。也就是从金字塔底层的资料出发，往上探索、归纳，得到新发现与结论的一连串推演过程。

最早提出金字塔结构法概念的人，是20世纪70年代任职于美国麦肯锡企管咨询公司（Mckinsey&Company）的芭芭拉·明托（Barbara Minto）。此后，他提出的这个概念模式就成为全球的一种报告写作标准。

运用金字塔结构法的目的在于解决文章与报告写作上逻辑不清、架构混乱的现象。连带的，在职场上，一些人对同事或管理高层针对某一件提案进行口头说明时，常发生前言不搭后语、漏洞百出的情形，往往讲了半天，最后让听说明的人还是无法理解他的观点，结果是整场说明达不到预期的效果——说清楚、讲明白与以理服人，而其中的“理”字，就是架构上的逻辑陈述法。运用金字塔结构的写作方法后，我们就能写出简单明确、逻辑清楚、条理分明、容易让人理解的报告、提案或文章，从而提升我们的说服力与沟通交流的能力。

在报告写作与提案沟通上，运用金字塔结构法能回答以下三个主要问题：

1. 你的内容重点是什么?

你想说些什么? → 重点A、重点B、重点C……

2. 你为什么会这样说?

你这样说的原因与理由是什么? → 理由A、理由B、理由C……

3. 这真的是最后的结论或假设吗?

这个结论/假设是正确的吗?我们有没有走错?有没有其他的可能性?

→ 检查结论/假设是否正确(yes or no)

◎金字塔结构法的原理与运用原则

金字塔结构法就概念上来说,是一个层层搭建的思考架构,除了最上面的结论外,在这个架构中的所有事物与元素之间,都会牵涉到上下(垂直)与左右(水平)的关系。规范这两种关系的原则是分类(Grouping)、概括(Summarizing)与MECE原则。这些原则是否能适当运用,不仅会直接影响到最上面结论的精确性,也能决定事物与元素之间的相对位置是否具有意义与合理性。现在就以上三点分别说明。

A. 上下(垂直)关系

A1. 分类——当金字塔内部的行进方向是垂直往下时,就运用分类概念,这是延伸论点分支的技巧。

A2. 概括——当金字塔内部的行进方向是垂直往上时,就运用概括概念,这是形成主题的技巧,与KJ法的原理相同。(见P44KJ法)

例如,生物学上的分类法,从概括的角度而言,是从最基本的"种"开始,往上形成属、科、目、纲、门到最后的大分类——界(动物界与植物界),反过来,从"界"开始,一直往下到最底层的"种",就是一种分类的概念。

以上的分类与概括的概念,类似知名的关系图企划法——KJ法的原理,常用在解决问题及开发新产品的领域。

B. 左右（水平）关系

运用MECE原则来规范同一水平（左右）层级的“分类”之间的关系，MECE是“彼此独立，互无遗漏”（Mutually Exclusive,Collectively Exhaustive）的英文缩写，这是用来检视分类是否恰当，是否有所重叠或不够完整（遗漏）。当然，这些同一层级的事物都必须具有某种性质与属性，才能列在同一层级。

也就是从下层的分类所“概括”出来的论点与主题要放在该层的上面位置，而“分类”愈细的层级就往金字塔底部行进，最后，当抵达金字塔底部时，就是一堆未经分类的数据/事实，而最上面的层级就是经过层层“概括”与推断之后的结论、假设、主张与整体观点；而牢牢绑住所有水平层级之间的事物与元素的规则就是MECE原则。

简单地说，金字塔结构法的概念类似由结论与原因/理由所组成的一个层级式构造图，下方的图是一个依金字塔结构展开的文章结构，在最上方的是主题与结论，下方则运用向右缩排的技巧，将章标题、节标题、小节标题等标题与内容，依序向下展开，也就是将主要论点、次要论点与支持性论点等说清楚、讲明白，让别人的思路可依此架构与逻辑而充分理解所要陈述的观点。（见图2.1.1）

◎金字塔结构法的做法——推断与发表

在做法上，先进行金字塔结构法的推断，也就是从底部的事实/原始数据出发，不断运用向上“概括”的技巧，形成论点/观点，并以MECE原则检视水平层级的关系，最后得到精确结论；当结论出来后，再从结论出发，说明完整内容（论点/理由），这就是报告与提案的发表顺序（刚好与前面的推断过程相反），从上往下系统性地铺陈我们的观点，依序为主要、次要与支持性论

图 2.1.1　金字塔结构法要回答的问题

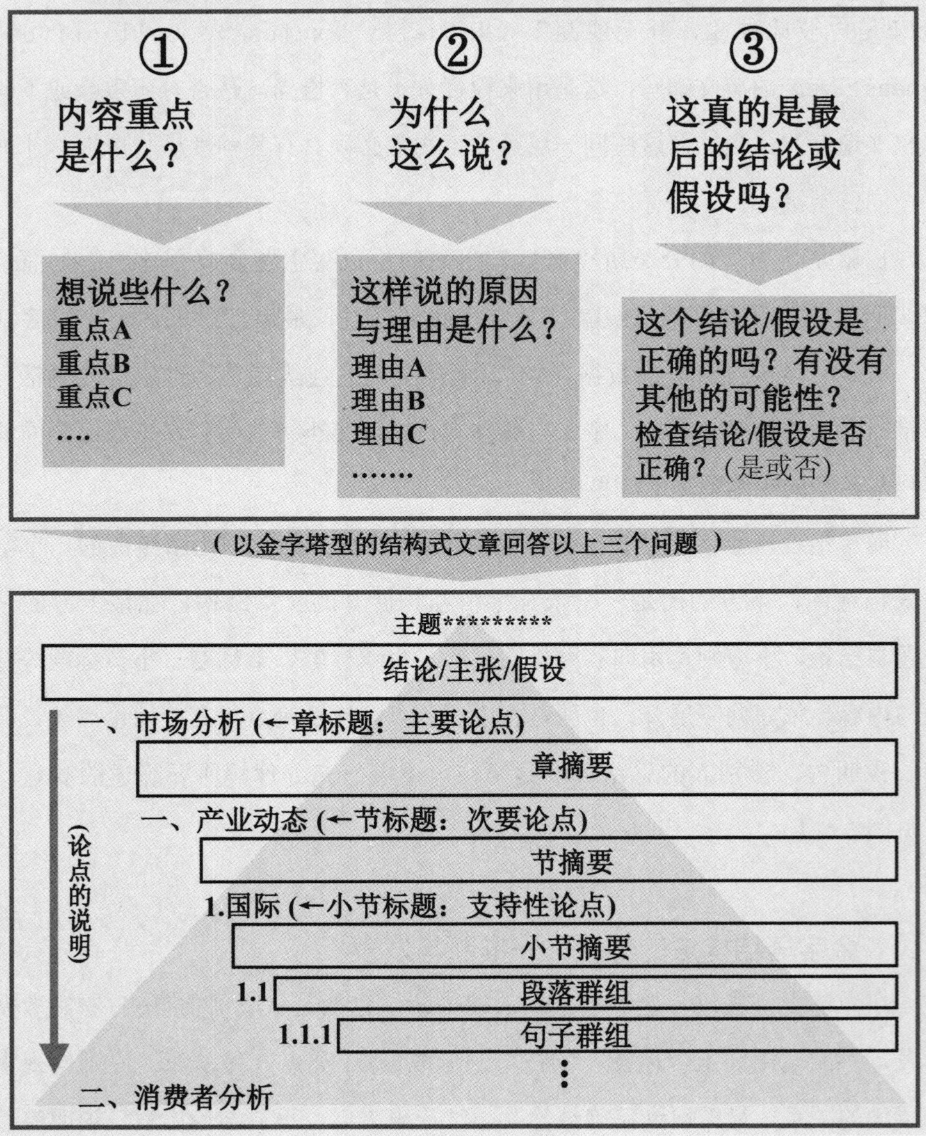

点，与报告前端的“目录”相互呼应，这是在传达我们的观点时，最佳的沟通与说理方式；最后，可视需要将分类前的原始数据作为“附件”，放在提案书/报告书的最后。

这就是金字塔结构法的推断与发表的两部曲（先推断后发表）。（见图2.1.2）

◎金字塔结构法的运用限制

限制1 结论下的第一层主要论点注意维持在3～7个左右（两个太薄弱，但最多不要超过7个）

这是因为人的记忆力有限，同一时间最多只能记住7个左右的事物，在实务上，大概提出3～5个主要论点即可，如果提出的主要论点太多，反而不容易受到关注，让人无法掌握住重点。

限制2 主要论点下的所有元素必须有所取舍

检视次要论点、支持性论点等内容，在MECE原则下，依据具体、重要与关联性等标准，筛选所要的论点放进来，否则整个金字塔结构会变得很庞大，降低它的实用性，也就是我们必须对其中的构成要素做某种程度的选择与取舍，类似我们在下棋时的布局与思考。

◎联想——金字塔结构法与逻辑金三角思考法之间的关系

另外还有一种逻辑思考法可以与金字塔结构法相互对照，它就是逻辑金三角思考法。这是用“结论/假设/主张”“佐证数据”与“论证”三者组成一个等边三角形来思考。其中，“佐证资料”与“论证”位于三角形的底部两边，“结论/假设/主张”则位于三角形的顶端。“佐证资料”可能是一堆事实、统计数据或具体的实例，可用来证明顶端的结论，“论证”则是公认的原理或法则，在推断上，结论是由佐证数据与论证两者结合而得出。在向上推出结论

图 2.1.2　金字塔结构法的推断与发表

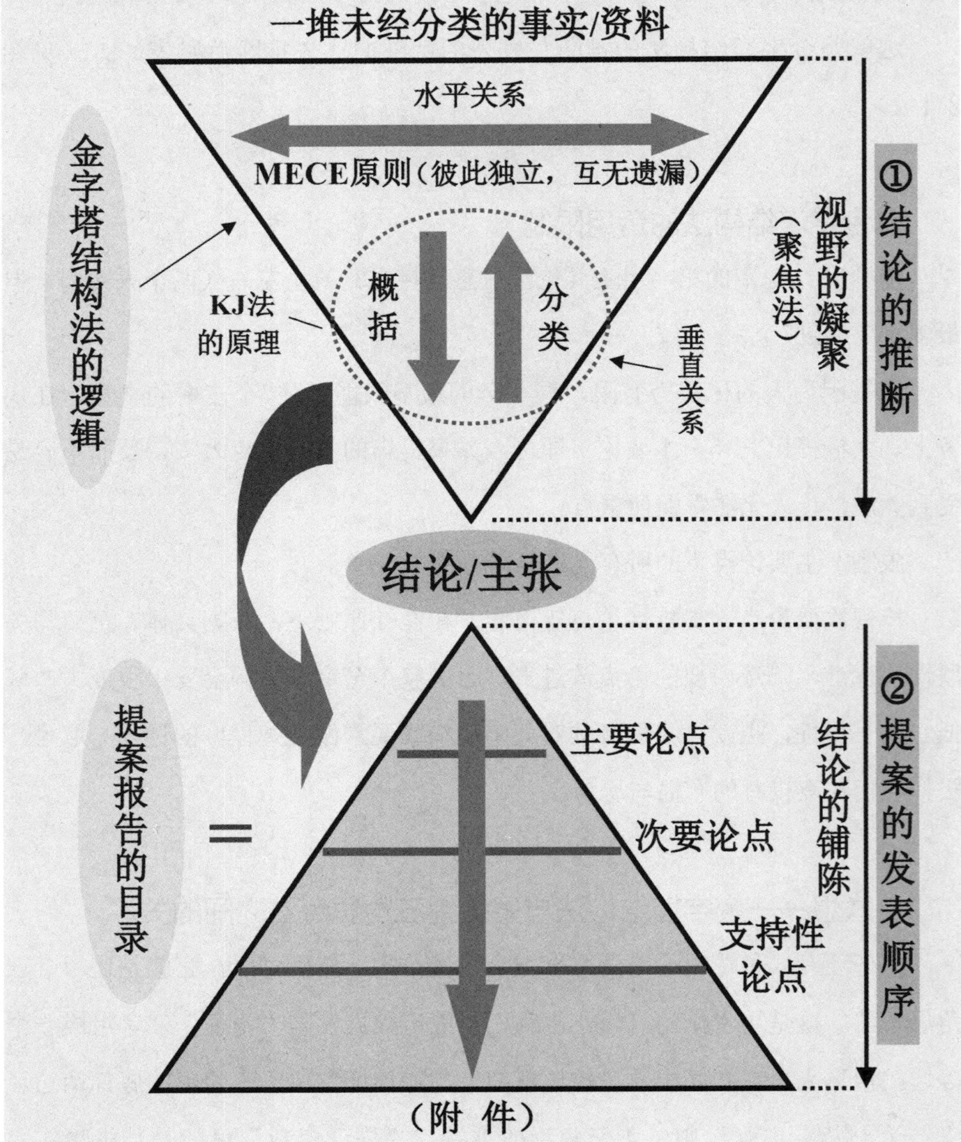

的过程中，要不断自问：So What？（所以会怎样？）而从结论往下展开的过程中，则要自问：Why？（为什么？）看是否能与现有的论证与佐证资料相吻合。

其实，逻辑金三角中的“佐证数据”可以视为金字塔结构法底层的事实与数据，而“论证”可以视为金字塔结构法中，“事实/数据”与顶端的“结论/主张”中的推演原则，包括：概括、分类与MECE原则。因此，这两者的原理是相通的。而逻辑金三角思考法可以通过金字塔结构法做系统性的整理与铺陈，也就是转化为一篇具有系统性架构的文章或报告。（见图2.1.3）

图 2.1.3　逻辑金三角与金字塔结构法的关系

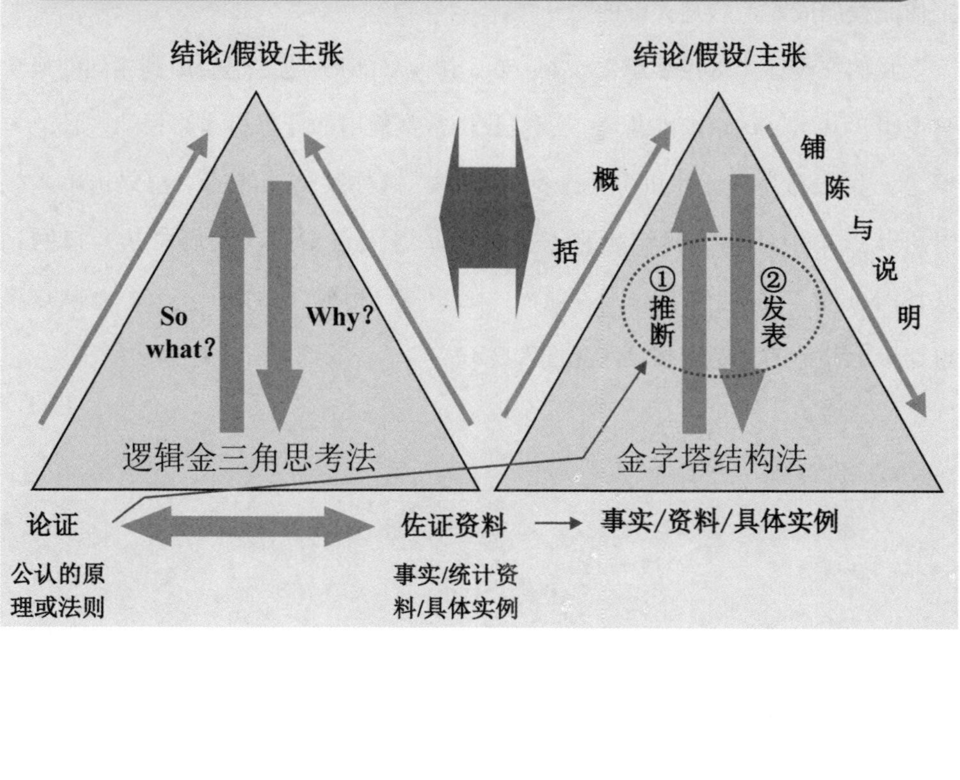

◎触类旁通——HIPO思考法

IT产业界的系统工程师在设计计算机软件程序时，会用到HIPO（Hierarchical Input Process output）的技巧，也就是以从属关系的层级原理，将工作流程制作成图表的方法。这与前面所说的金字塔结构法中的概括与分类原理是相通的，首先是设计能呈现整个主题结构的“首页”（master sheet），这张简图通常是以三个层级来呈现（最上方是主题），所有构成要素只有重点式的说明文字；接下来是设计每一个构成要素的细节，这会设计在下一层的选单（子选单）页面中，在这里，可以看到首页中的B元素又分成两层的12个要素，而针对这12个要素的详细说明又被归类到下一层——第二层的子选单中。依此类推，最后会形成一个阶梯式的数组（array）结构，让我们可以非常快速方便地找到所要的资料内容，而“首页”的设计则会影响到整个工作流程的成败，这是关键的第一步。

我们在设计“重点手册”（one point manual）时，也会用到相同的概念与逻辑，其实，这个HIPO思考法就是我们常常使用的计算机“路径”（loop）概念。我们都会在计算机屏幕上的菜单中，选择某一功能的下拉式选单，接着再从选单中，挑选我们想进入的路径。上网也相同，我们会从入口网站（ISP）进入，挑选所要的服务项目（如新闻、相簿、购物……），或从这里再连接上其他的特定网站。（见图2.1.4）

图 2.1.4　HIPO 思考法的设计原理

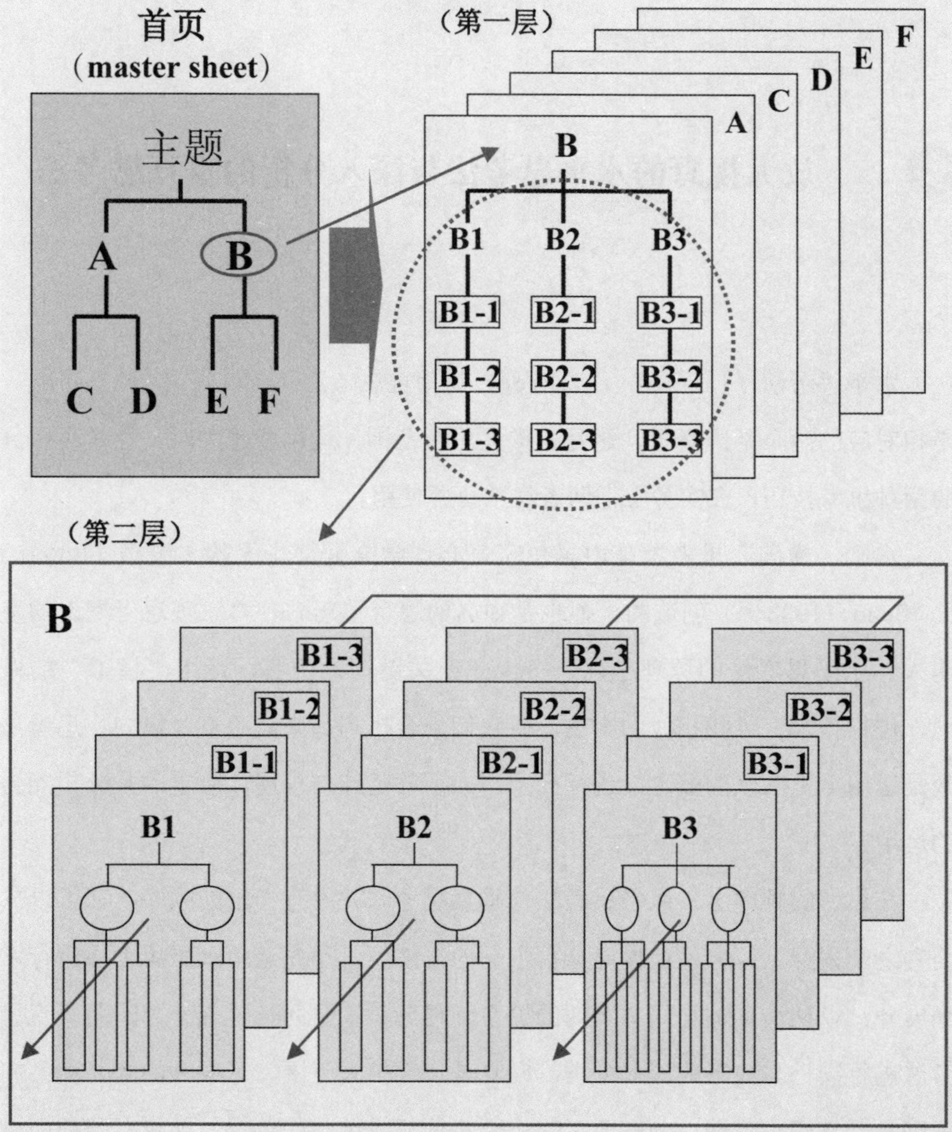

二、放大视野的水平思考法与深入分析的垂直思考法

水平思考法（lateral thinking）与垂直思考法（vertical thinking）是相对应的两个不同概念，这是在扩大思考范围，运用联想力时，经常会用到的两种思考技巧，在实务上，两者经常合并使用。

水平（横向）思考法是由思想家兼心理学家爱德华·狄·波诺（Edward de Bono，1933～）创造的，他也是知名的思考技巧——“六顶思考帽”的发明人。水平思考法的原理是以一个课题或关键词为中心，运用“模拟”的概念，进行搜索，寻找相似的事物，将它们集合排列起来。垂直（纵向）思考法则是运用上下串联的概念，进行向上与向下的延伸与扩展，着重的是分析能力的运用。

在思考的顺序上，水平思考法与垂直思考法并没有一定的顺序，都可以从两者之一先开始，但是在搜寻分析主题的方法上，是先运用水平思考法进行水平展开，以认清整体与局部之间的关系，再针对重要的特定部分，运用垂直思考法进行向上与向下的深入分析。向上是一直扩大范围，形成大的集合体；向下则是一直缩小范围，分解要素，将要素分解成更小的单位。如果对照前面讲过的金字塔结构法的概念，水平思考与垂直思考就很类似金字塔结构中的垂直关系：向上是“概括”的概念，形成结论；向下是“分类”的概念，形成细节

图 2.2.1　水平思考与垂直思考的原理

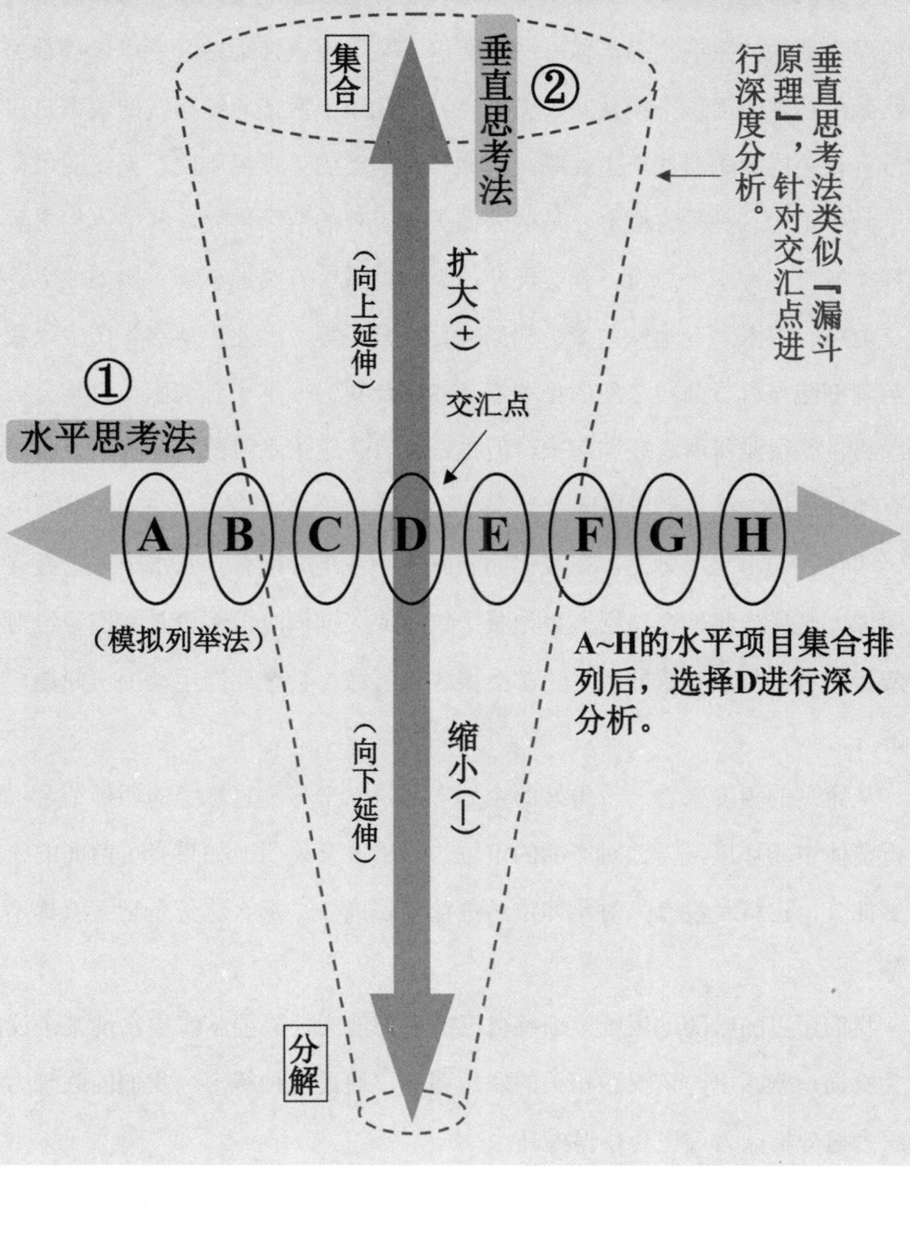

（事实/资料）。

水平思考与垂直思考的交集就是两者的交汇点，从这个交汇点所串联起的所有事物都具有相关性。也许当我们开始看的时候，会觉得这两个项目怎么会有关联，但是当画出所有相关事物的图解出来后，我们就会恍然大悟，产生原来如此的感觉。其实，这张水平与垂直展开的联想地图，原理与我们每天搭乘的城市地铁的系统相当类似——只要进了某个地铁换乘站，就可以搭乘另一条路线的地铁，而这个换乘站（交汇点）就联结了两条地铁路线的关系，让原本没有相关的两条路线产生关联。例如，在人类的“理解层次”系统图中，从原子到宇宙是一种垂直概念，是区分微观与宏观的两个世界，其中，如果我们选择“城市”做水平思考，就会展开一系列与城市有关的事物，例如住宅、公园、道路、下水道、地铁系统、邮局、百货公司等。因此，从这张图中，我们了解到细胞与百货公司之间的相关性。如果让我们一下子看细胞与百货公司两个项目，就很难将两者联结起来，但是一旦有了这张系统图后，我们就会了解所有项目的相关性与形成原因。

即使我们不想用画图，在我们的脑海中，还是必须有一张水平与垂直展开的图像。这样当我们在与别人讨论某个议题或关键词时，不论是我们说给对方听或接受别人传达过来的信息，都会很容易听懂，甚至还能主动提出问题，寻求解答。

从企划的角度来看，一份好的企划案都是水平与垂直思考的巧妙结合：先分析整体市场环境，再针对产品的定位与策略展开说明。如果少了前面的宏观分析部分，也就是没有先对整体市场进行“扫描”，那么这份企划案就称不上完整。

我们可以随时随地用纸笔训练自己的联想能力，只要脑海中出现某个议题或关键词，就画出与该议题相关的联想图解，通过这种练习，我们的联想力、组织力与分析能力等也会获得提升。

图 2.2.2　水平思考与垂直思考范例——人类的“理解层次”

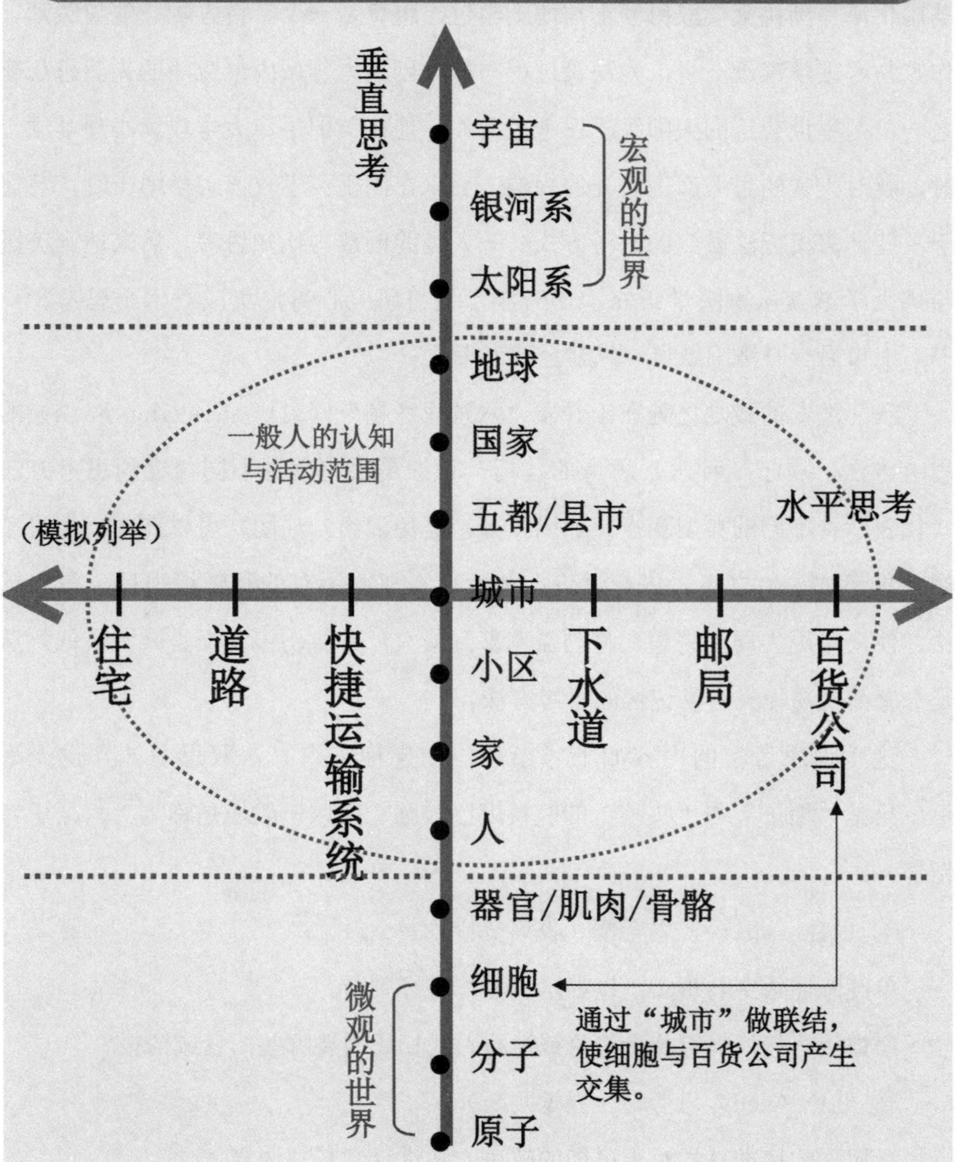

◎联想——水平思考法的“狄 · 波诺六顶思考帽”

说到水平思考法，就不能不提到爱德华·狄·波诺这个人。此人先后在英国牛津与剑桥大学取得硕士与博士学位，也算是一个奇特人物。他集医师、作家与心理学家于一身，为决策过程与提升创造力领域内最成功的先驱思想家之一，是举世公认的大师级“思考教父”。他在英国牛津大学攻读心理学硕士时，就对人类的思考产生研究的兴趣，后来在剑桥大学攻读医学博士时，着迷于一些计算机无法做到的思考方式——人类的创意与认知思考，后来他到美国哈佛大学继续从事医学研究。1967年，他将研究心得汇集成《水平思考》一书，上市后一时洛阳纸贵，风靡全球书市。

狄·波诺的成功之处在于开发“六顶思考帽”（six thinking hats）的思考方法，属于一种水平思考的技巧，目的是要将六种不同角度的思考方法（代表六种不同的典型观点）加以区分，避免混淆，让团队可以在同一个思考帽（思考方法）之下，进行讨论；最后，在权衡所有的利弊得失后，得出结论，使决策更为周到完整，将利益调整到最大，并将伤害与损失减到最低。这是一套简明易懂又容易记忆的思考方法。

这六顶思考帽的内容如下（当然，如果称它为“六双思考袜”也无不可，只是“帽子”与“头脑”的联接度比较强，所以一般还是称为“六顶思考帽”）：

① 白色（white）思考帽（收集资料）

单纯陈述数字与事实，以揭示真相，进行判断。

○惯用语句 → 有什么信息或情报？我们还需要哪些信息或情报？

② 红色（red）思考帽（直觉判断）

运用你的精准直觉对于可能的解决方案进行判断与选择。

○惯用语句 → 我有预感，这件事一定（可能）会……

③ 黑色（black）思考帽（负面陈述）

运用负向的“批判性思考”（critical thinking）看待问题，陈述缺点（负面因素）。

○惯用语句 → 这么做是否就是万无一失？这么做会有哪些损失？

④ 黄色（yellow）思考帽（正面陈述）

运用乐观积极的正向思考陈述优点（正面因素）。

○惯用语句 → 我们这么做的原因是什么？从中能获得哪些利益？

⑤ 绿色（green）思考帽（解决问题的方法）

运用发散式的创意思考，提出解决问题的具体建议。

○惯用语句 → 还有哪些不同的想法？还有哪些新的选择？还有其他的可能性吗？

⑥ 蓝色（blue）思考帽（控制与整合）

一种统揽全局的态度，控制会议的流程与时间，整合与归纳团队的意见，通常由会议主持人担任。

○惯用语句 → 我们从中可以归纳出几点想法与建议……

在全程透明与和谐的环境中，会议主持人可以视情况，运用不同的帽子引导会议讨论的方向；如果团队想对某个课题做快速探讨，最好的方法就是将六种不同的帽子（思考角度），依白帽子→红帽子→黑帽子→黄帽子→绿帽子→蓝帽子（会议主持人）的顺序运作一遍，而每顶帽子的停留时间约为四五分钟，整个讨论过程可控制在30分钟以内完成（一般的六顶思考帽流程讨论时间约在60～90分钟）。运用六顶思考帽流程的讨论可以避免对立，并能尊重不同的意见，在思考风格与观点不同的人之间进行讨论时特别有效。

由于狄·波诺的独到创见，他曾经获邀到美国的3M、IBM与杜邦等国际知名企业传授水平思考的技巧。他勤于笔耕，写过81本书，被翻译成41种语言，算是一位著作丰富的学者型作家，目前牛津字典已将“水平思考”一词列为正式名词。

图 2.2.3 “六顶思考帽”的意义与推断流程

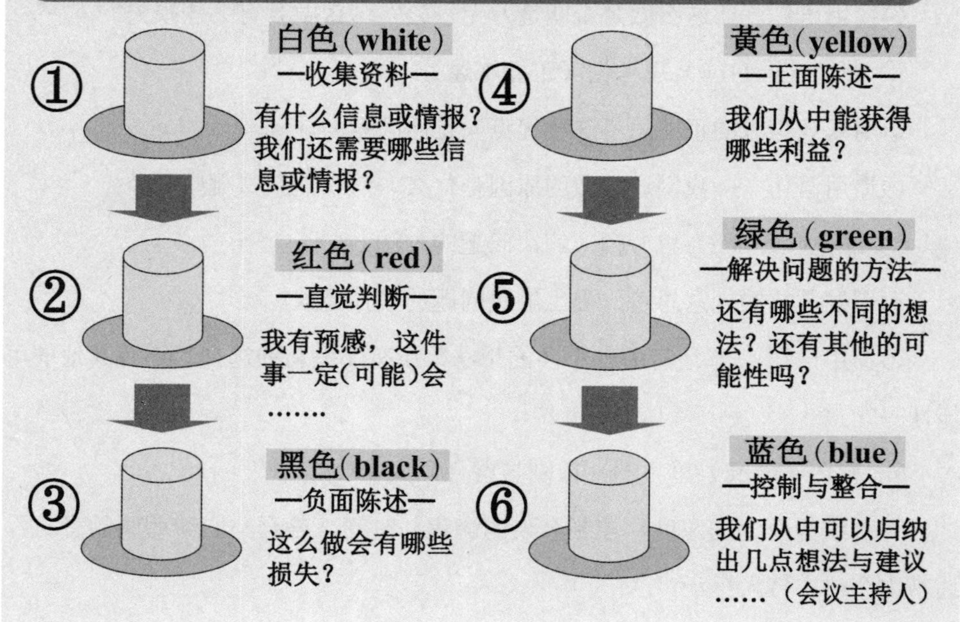

另外,还有与“六顶思考帽”思考原理类似的思考方法——“三张椅子”的思考技巧,这是美国好莱坞的卡通王国创办人华德·迪士尼(Walter E. Disney)的思考技巧,类似角色扮演的游戏。据说,他的办公室里放着三张椅子,是他在不同思考角度进行思考时用的,三张椅子分别代表“梦想家”“批评者”与“现实主义者”三种不同身份人士的立场与思考角度。当他轮流坐在三张不同的椅子上时,他会尝试推敲某个计划或角色的不同面向,从不同角度来观察一个问题,从中获得新的观点与结论。

[注:依据《牛津词典》对lateral thinking(水平思考)一词的定义如下:a way of solving problems by using your imagination to find new ways of looking at the problem. 另外,“朗文”(Longman)当代高级英语辞典则对该词做了如下的定义:a way of thinking in which you use your imagination to see relationships between things that are not normally thought of together.]

◎触类旁通——运用水平思考与垂直思考画出产业的“知识地图”

如果你刚进入一家企业任职或是企业想进入一个新的产业领域，但是对相关产业的整个轮廓与面貌还不是很了解或完全不懂，这时，就可运用水平思考法与垂直思考法画出整个产业的“知识地图”（knowledge map）。例如，以B to C的消费性产品而言，产品从研发、制造、销售到销售点，形成一个涵盖上、中、下游的完整“供应链”（supply chain），可以当作产品的一种垂直思考模式，而其他竞争品牌的产品与替代性产品，还有周遭相关事物的集合体，则可运用水平思考法找出来，如有需要，还可参考报纸、杂志、期刊、网站数据等关于该产业的报道与分析，作为辅助思考的素材来源。

三、感性创造的发散型思考法与理性判断的收敛型思考法

我们每天都要思考创意或是想出解决问题的方法。员工的思考能力是企业很重要的软实力（soft power），但是你知道世界上有多少种思考方法与工具吗？依据日本创造学会的统计，全世界有400种以上的思考方法与技巧，包括我们熟悉的KJ法、NM法、思维导图、头脑风暴法、鱼骨图、树形图等在内。虽然思考工具有这么多，但是我认为一般企业较常使用的思考方法约在10～20种，企业可以依据自身的产业特性、部门功能等进行考虑，从中选择最适合、效益最大的思考方法，同时，有些较复杂的情况，可能要使用两种以上的思考工具才能解决问题。

接下来的问题是这些思考方法要如何分类？一般是用“发散型思考”（divergent thinking）与“收敛型思考”（convergent thinking）作为分类的依据，它最早是由美国的心理学家J.P.基尔德在研究人类的智能与创造力后，所提出的一套理论。后来其被日本的创造力大师——高桥诚采用，他曾经收集将近300种可以解决问题的思考方法，并在1983年从中选出100种加以分类，称为创造性技法，并写了一本《创造性技法手册》的书。

所谓的发散型思考是从一个课题、问题或关键词出发，构思事实或想法，做创意的设想与扩展的思考方法，属于演绎型的联想技巧，例如NM法、头脑风

暴法等。为了扩大想法，可运用亚里士多德的三种联想法则：

A. 对比——例如：大小、远近、高低、轻重。

B. 接近——例如：从水想到鱼，从土壤想到农作物。

C. 模拟——例如：从弹珠想到撞球，从纸质书想到电子书。

另外，可运用五种发散型思考的技巧来扩大联想范围：

a. 延后判断——不要立刻做决定，再想一想。

b. 自由奔放——只要能沾上边，无论什么都可以讲。

c. 大量想象——像机关枪发射般提出更多的想法与意见。

d. 广度思考——思考范围要广，不要受目前的条件限制。

e. 结合联想——将别的想法结合起来，看是否能发展出新事物与新想法。

至于收敛型思考则是“集中”与“归类”的概念，它可以作为独立的思考方法来使用，或是将前面的发散型思考产生的各种创意与方案，找出彼此的关联性，进行整理与分类，从中找出一种可以连贯的概念，可分为以下的A、B两种类型。

A. 同质型收敛思考

可分为两类：

A1. 归纳型

从发散型思考所想到的内容，将属性相同的信息集中归为一类，建立新分类。如KJ法、树形图法。

A2. 演绎型

依据事先已设定好的分类标准来进行分类。

由于归纳型的收敛思考能从未知的领域中发现创新的手法或见解，能解决未知的问题，而演绎型的收敛思考只是依据现有的认知进行整理，一成不变，较难产生新的构想，加上大家都能了解归纳的原理，运用起来方便许多，因此，许多人采用归纳型的收敛思考技巧来解决问题或引发创意。

B. 流程型收敛思考

为了找出问题点，将信息依据事物的流程走向加以整理，又可分为两类：

B1. 因果关系法

思考事物的原因与结果之间的运作机制。

B2. 时间序列法

依据事物的时间流程与顺序进行排列。

所有的思考方法，都会经历先发散（辐射出去）再收敛（收缩回来，回头评估）的过程，没有先收敛再发散这一回事，也没有谁重要的问题，这两种思考技巧都很重要，只是思考的顺序与方向有所不同。

◎联想——整合技法与态度技法

除了发散型与收敛型两种思考技巧外，高桥诚还提出了另外两种思考技巧——整合技法与态度技法。整合技法是一种同时包括发散型与收敛型思考方式的技法，例如找出事实与原因的“鱼骨图”就是典型的整合技法的运用，先以发散型思考找出引发问题的可能原因，再以收敛型思考进行筛选，将筛选过后的原因依重要程度归类到各相关的鱼骨上（主要原因、次要原因、局部原因……）。“态度技法”则是创造一种氛围与情境，让自己身处其中，从内心开始改造，产生一种解决问题的心理特质、一种创意性的态度与能量，再将焦点放在原本的问题上，进而想出解决问题的方法，如做催眠与瑜伽的“冥想法”、玩游戏与角色扮演的“演戏法”等。

图 2.3.1　“发散型”与“收敛型”思考法的分类

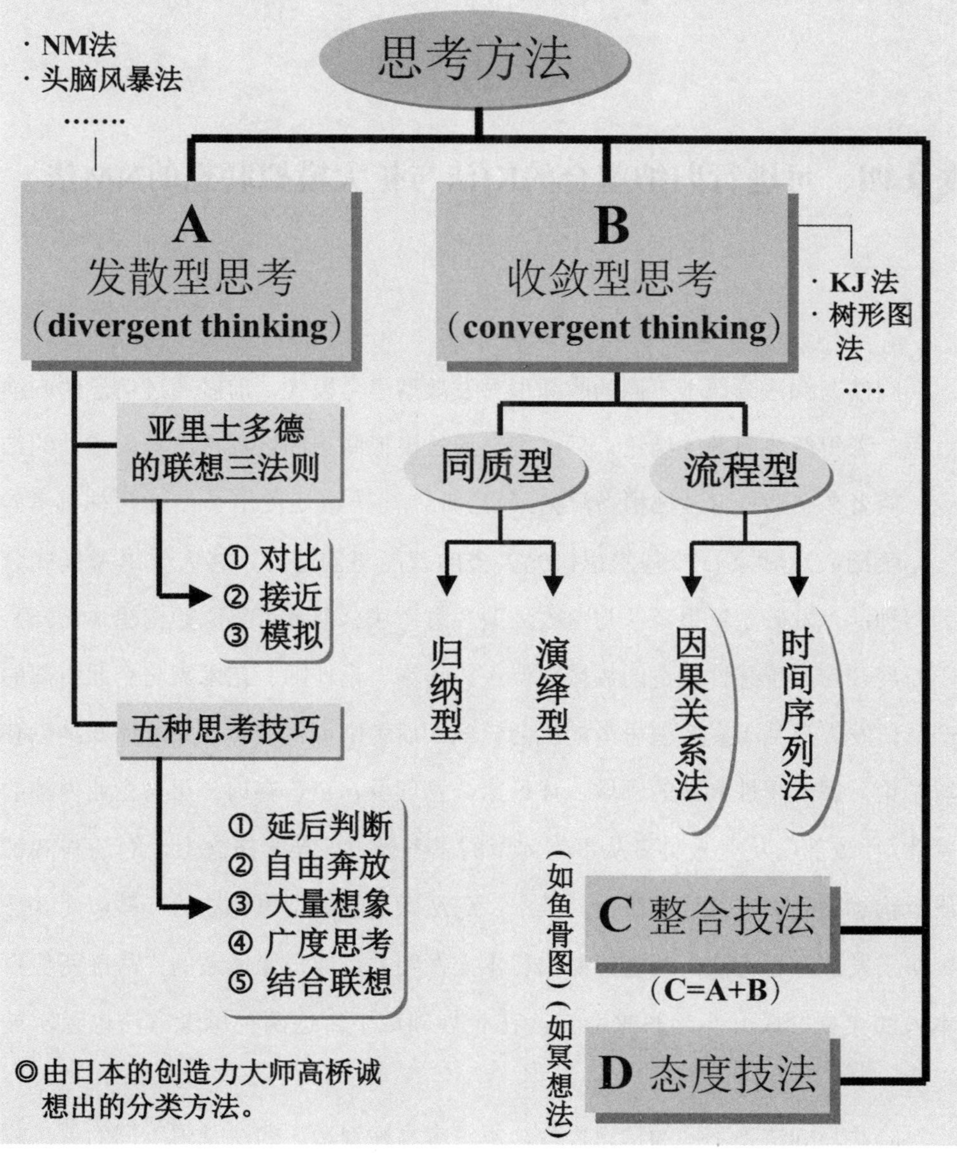

四、可进行归纳整合的KJ法与扩大模拟联想的NM法

KJ法与NM法分属于不同的收敛型与发散型思考模式，前者通过信息的归纳过程，获得解决问题的结论，后者则是通过模拟联想的过程得出具创意性的结论，两者在企划技术领域相当常见。

美国心理学家J.P.基尔德研究人类的智能与创造力，将人类思考模式分为两种："发散型"思考法与"收敛型"思考法。前者可将原始构想（idea）不断展开，属于感性创造的领域，诗人、作家、设计师、艺术家与企业内部的产品研发人员从事发散型思考的机会较多；后者则可将信息不断浓缩归纳以获得结论，属于理性判断的领域，评论家、管理者、企管咨询公司与企业内部的营业/行政部门从业人员多从事收敛型的思考模式。至于概念上，KJ法与NM都属于构思型的"卡片分类法"，其中，KJ法就是收敛型思考法的一种，而NM法则属于发散型思考法，两者都是由日本人发明并形成理论体系的，故取两位日本人的英文姓氏开头缩写来命名。在企划领域中，这两种思考方法也经常被提及。

KJ法与NM法是不同的构思过程，也很容易被混淆。KJ法是将不同的信息收集在一起，经过归纳整合，从中发现新的假设（结论），是一种归纳法；NM法则是经过大脑联想模拟的过程，从中发现新的创意进而解决问题，属于模拟法

图 2.4.1 人类的思考模式

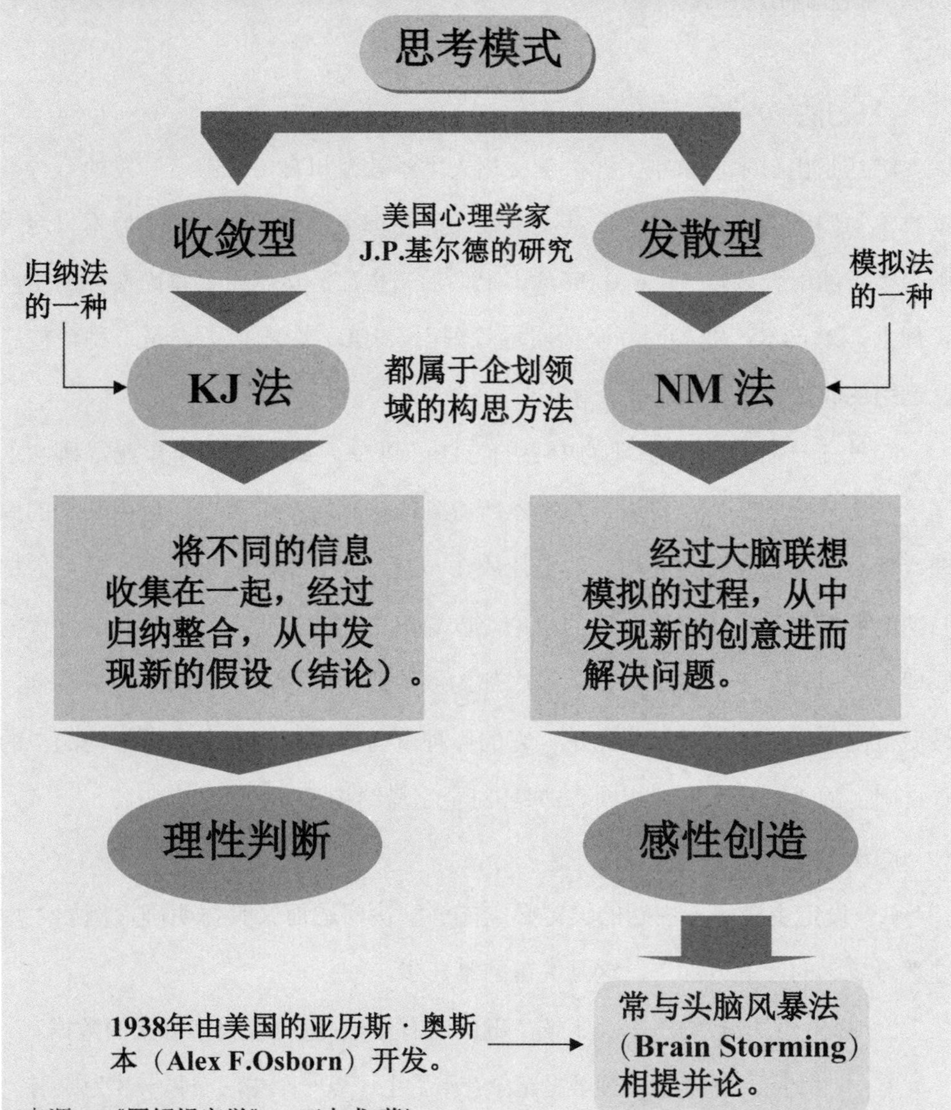

（来源：《图解提案学》，王友龙 著）

的一种，它常与同属“自由联想法”的头脑风暴法[BS（Brain Storming）法]相提并论。BS法是在1938年由时任美国BBDO广告公司副总经理的亚历斯·奥斯本（Alex F. Osborn）开发的，它是利用5～7人的小组企划会议，广泛收集与会人员的想象与创意，通过众人的集思广益，获得不同的想法，最后再以KJ法加以归纳，得出结论。

◎KJ法

KJ法是由日本前东京工业大学文化人类学教授川喜田二郎所开发的一种数据收集与归纳的思考方法，取其英文姓氏的开头字母缩写而命名，原本只应用于人类学的田野调查（Field Work）上，后来也广泛运用于日本产业界的生产管理上，对日本产业界的“全面质量管理”（TQC）影响很大，是一种最被广泛运用的收敛型思考技巧。

KJ法是一种以资料整理为中心的方法，可单人或多人共同作业，概念上属于“卡片分类法”，将调查与观察所得到的信息写在卡片上，运用归纳的原理，将具相同属性（关联性）的卡片放在一起，并思索出索引标题，最后依据归纳的数组卡片，找出相对应的结论，以导出事物的真相与本质；它的过程与原理，类似一个正金字塔形，从最底部的原始数据开始，不断向上归纳整合，最后得出金字塔顶端的精华结论，它的原理就与前面说过的金字塔结构法中的垂直向上的“概括”原理相同。（见P21金字塔结构法）

KJ法的作业流程如下：

1. 设定主题——主题的设定必须能够解决问题而又具体明确，例如“增进学习效率的读书方法”，这是关键的第一步。
2. 提出想法/数据——关于该主题的所有想法/意见或收集得来的数据。
3. 卡片记录——将想法或数据记录在卡片上，以一个想法一张卡片为原则。
4. 找出共有的关联性——开始寻找属性相同的卡片。

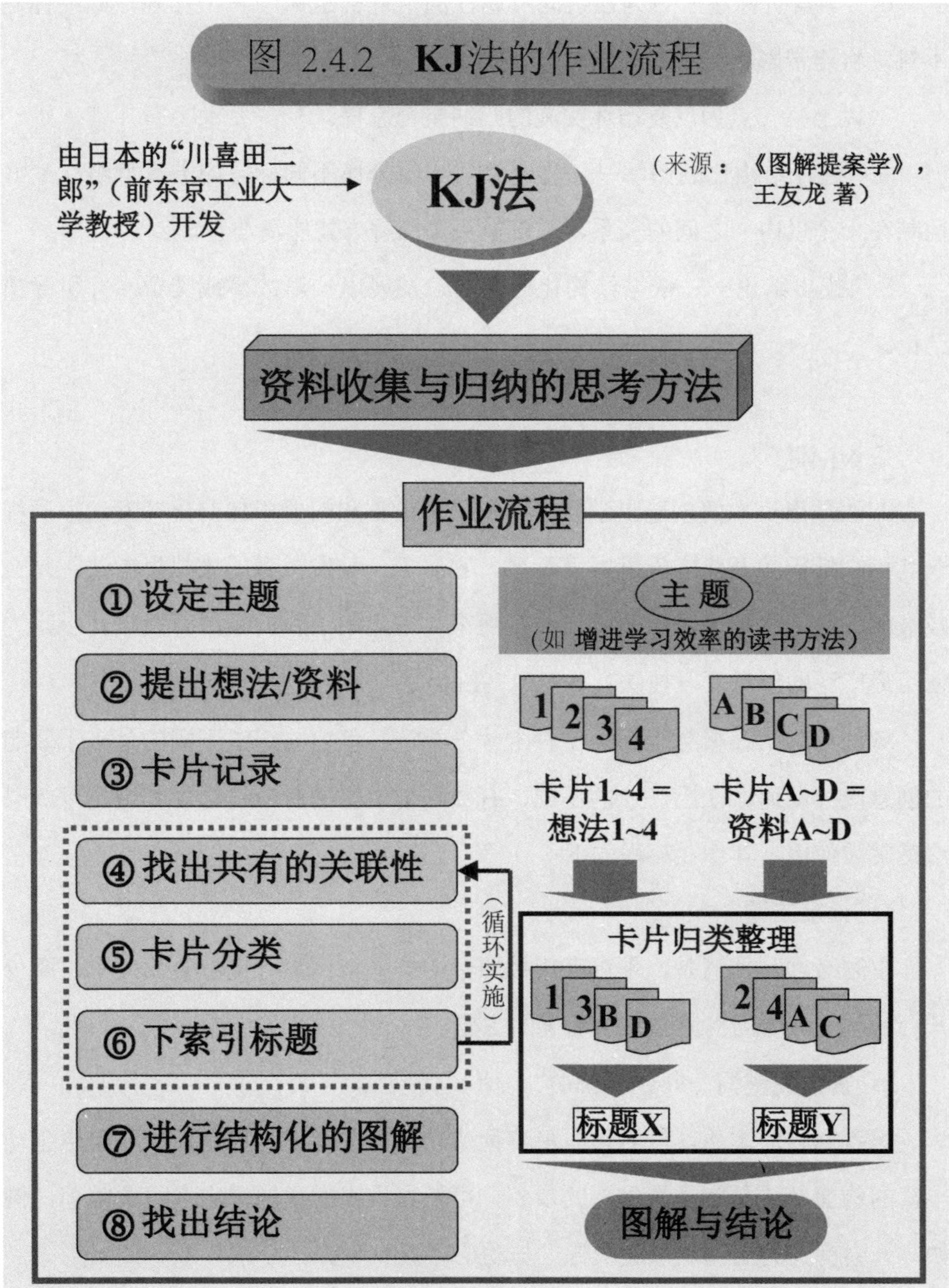
图 2.4.2　KJ法的作业流程
由日本的“川喜田二郎”（前东京工业大学教授）开发
KJ法
（来源：《图解提案学》，王友龙 著）
资料收集与归纳的思考方法
作业流程
①设定主题
②提出想法/资料
③卡片记录
④找出共有的关联性
⑤卡片分类
⑥下索引标题
（循环实施）
⑦进行结构化的图解
⑧找出结论
主 题
（如 增进学习效率的读书方法）
卡片1~4 = 想法1~4
卡片A~D = 资料A~D
卡片归类整理
标题X
标题Y
图解与结论

5. 卡片分类——将具相同属性的卡片归类在一起。

6. 下索引标题——为该组同一属性的卡片群组赋予一个标题，如果标题不对，将连带影响结论的正确性。

（以上4～6点为反复循环实施的归纳整合流程。）

7. 进行结构化的图解——界定最后一组分属不同标题的卡片群组（最好控制在十个以内）之间的关系，并以箭头等图解方式厘清与整理。

8. 找出结论——依据结构化的图解，发展出一篇故事或文章，并引导出结论。

◎NM法

NM法是由日本的创造工学研究所所长中山正和教授于1974年开发的，同样取其英文姓氏的开头字母缩写而命名。它属于一种发散型的模拟思考法，是在威廉·戈登的“综摄法”基础上改良而来，常运用于新商品的开发设计上，为使用最广泛的创意开发技法。（见P179综摄法）

NM法与KJ法在概念上都是一种卡片分类法，但它与KJ法不同的是多了联想的创意成分，而NM法因产业的不同，有数种衍生型的对应技巧。其中，以NM-T法最常被使用，其作业流程如下：

1. 设定主题

主题必须具体清楚，不可有模棱两可的解释，例如“提升会议效率，减少开会的次数与时间”就是一个明确的主题。

2. 提出关键词（key word）

思考问题的本质，以名词、形容词或动词等关键词来描述，以获得更生动丰富的构想，这是NM法最重要的步骤，可依据设定的主题提出多组关键词，例如与开会有关的名词“口头报告”与动词“减少”等。

3. 模拟联想［QA（Question Analogy）］

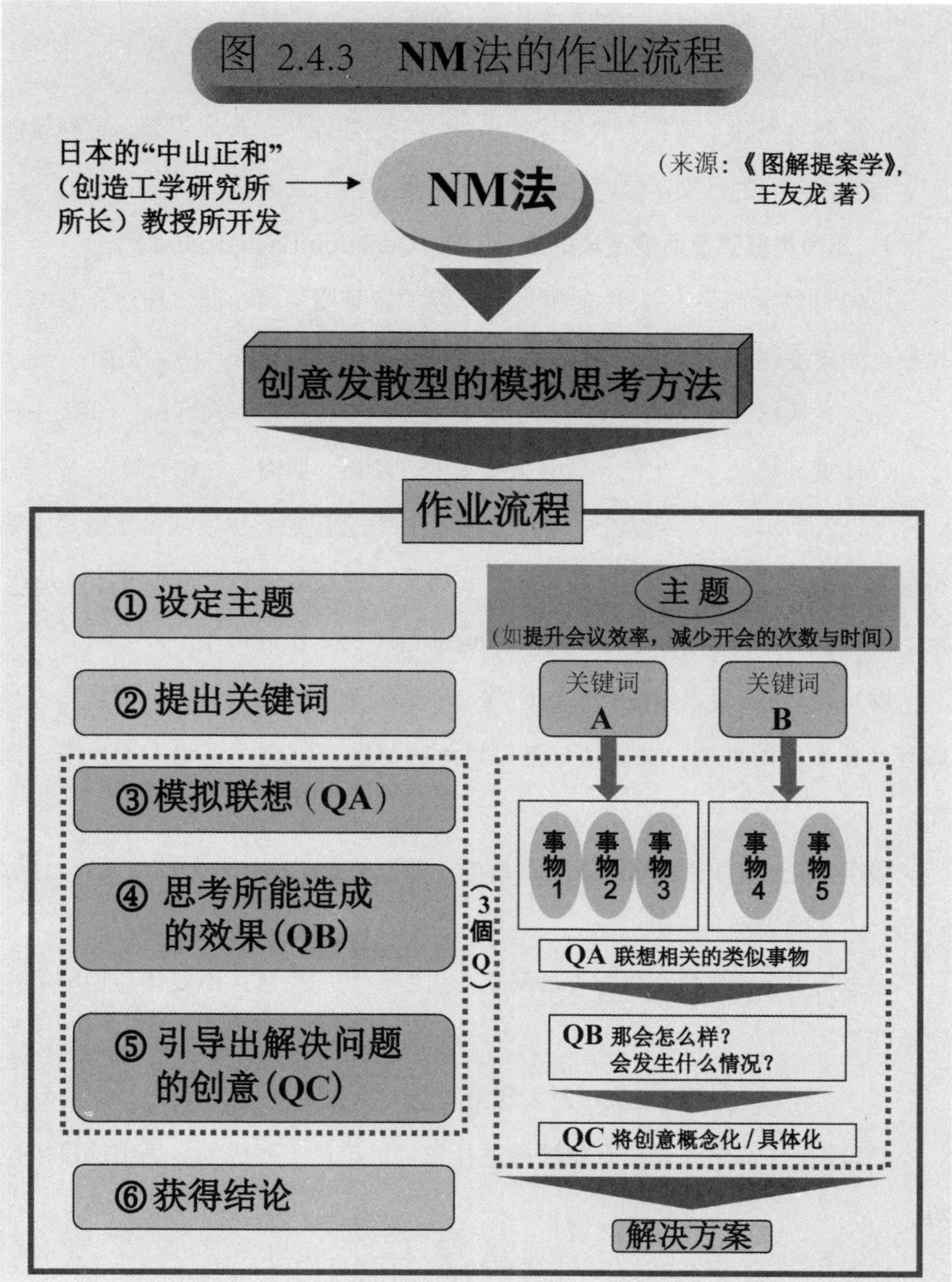
图 2.4.3　NM法的作业流程
日本的“中山正和”（创造工学研究所所长）教授所开发
NM法
（来源：《图解提案学》，王友龙 著）
创意发散型的模拟思考方法
作业流程
①设定主题
②提出关键词
③模拟联想（QA）
④思考所能造成的效果（QB）
⑤引导出解决问题的创意（QC）
⑥获得结论
（3個Q）
主题
（如提升会议效率，减少开会的次数与时间）
关键词 A
关键词 B
事物 1
事物 2
事物 3
事物 4
事物 5
QA 联想相关的类似事物
QB 那会怎么样？会发生什么情况？
QC 将创意概念化／具体化
解决方案

想象与关键词有关的类似事物，尽量扩大联想：具有关键词所描述的特征的事物是什么？想到后一一记入卡片中。例如：

○口头报告 → 人、资料　　○减少 → 体重、聊天

模拟的实例除了要符合关键词的条件，最好还能尽量远离主题，这样就能产生与主题之间的良性落差，能够激发出有趣的构想或灵感。

4. 思考类似想象所能造成的效果[QB（Question Background）]

思考与想象有关步骤3中的模拟事物QA的背景要素、功能、构造与影响，想象“如果是这样，就会……”并加以图像化，再呈现于卡片中。例如：

○人、数据 → 电话、便签、报告书、影印本、刀片、立可白、印章……

○体重、聊天 → 生活、饮食太多太油、垃圾、肌肉、三姑六婆……

（以上的第3、4点可从日常生活的事物、社会现象、生物或自然现象中获得灵感与线索。）

5. 引导出解决问题的创意[QC（Question Conception）]

以步骤4的QB想象为基础想出创意，并将创意的构想具体化、概念化，形成有具体形象的事物，并确认这是可以解决问题的创意，再记入卡片中。例如：

○电话 →由开会联络人以电话或电子邮件的方式确认开会的议题、日期/时间、人员的级别与人数。

○报告书 →先发给与会人员阅览，引发他们的想法，不要让他们脑袋空空地开会。

→会议记录要准时发送给与会人员看。

○垃圾 →每个人先要有想法再进行发言讨论，不要成为会场中的没用垃圾。

○刀片 →会议结束时，一定要有结论，不能再拖到下次。

○三姑六婆 →禁止在会议上闲聊或进行冗长的发言。

（以上3～5点可称为NM法的3个Q）

6. **获得结论**

将步骤5的QC卡片经过筛选，再加以组织整合，归纳出解决方案。例如：

① 开会联络人

要先确定好会议议题、日期/时间、参加开会人员的相关部门、级别与人数，再确认好会议场地、布置等事项，并先将报告书发给相关人员阅览。

② 与会人员

所有与会人员都要先看过报告书，产生自己的想法，并在会议上充分发言，严禁闲聊或过于冗长的发言。

③ 进行会议的方式

为了避免有些人无法充分发言，可采用“头脑风暴法”的方式进行会议。

④ 要有结论，分工执行

结论做成后，就要制定计划执行。

⑤ 会议记录

内容要确实，并由与会人员看过确认。

五、解读同类事物的归纳法与先提出论证的演绎法

我们在学校读书时就常听到“归纳”这个名词，到底它的意义是什么？与它相对应的是哪一个名词？两者有什么不同？这是本章所要探讨的重点。

人类有一个很厉害的大脑，懂得在看到A、B、C等类似事物时，会解读其背后的含意，并将它记下来，下次再遇到类似的事物时，依照经验法则，就可以更加肯定先前的推测，这就是归纳法（induction）中的“集合型”概念。它是将所有事物或现象集中后，解读其中所透露的信息。除了“集合型”的归纳概念外，还有一种“本质型”的归纳概念，是将所出现的事物进行分析，探究其内在的本质是否相同，如果相同，就要针对事物所共有的属性提出看法。例如，事件A、B与C看似不相关，但都发生在同一个时间，这就提供了一个可以联结的线索。

使用归纳法的目的在于导出结论（conclusions），是一种在收集与解读所有的事实（fact）与资料后，所推出的结论（主张）。这种结论是依据我们的认知与经验所给出的判断，属于推测后的结果，也就是推论（arguments）。这在实验室中进行科学实验时常会用到，只要数据出现重复性，就会引起科学家们的注意，并试着推出结论。

以逻辑金三角而言，就是依佐证数据→论证→结论的逻辑顺序做推演。从

图 2.5.1　归纳法与演绎法的概念

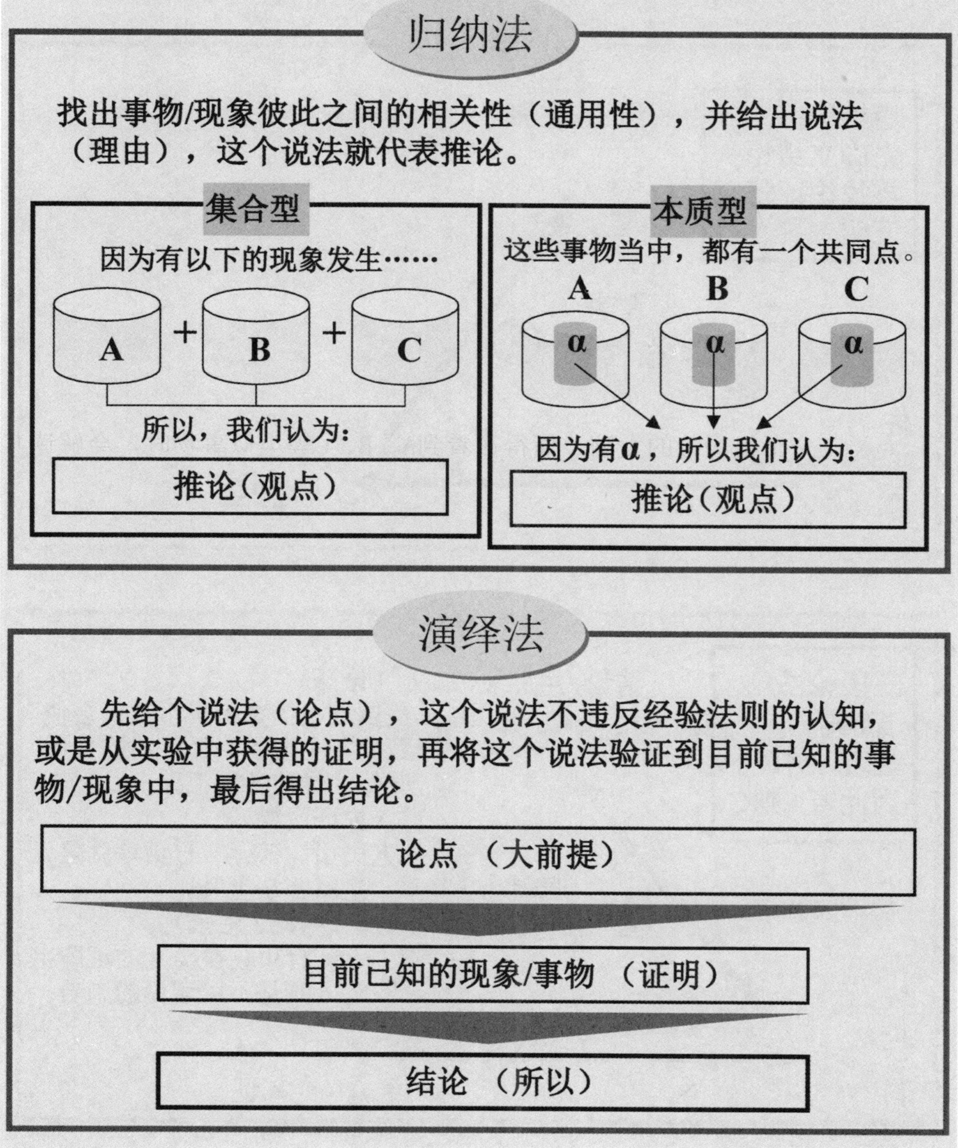

图 2.5.2 归纳法与演绎法在逻辑金三角的推论过程

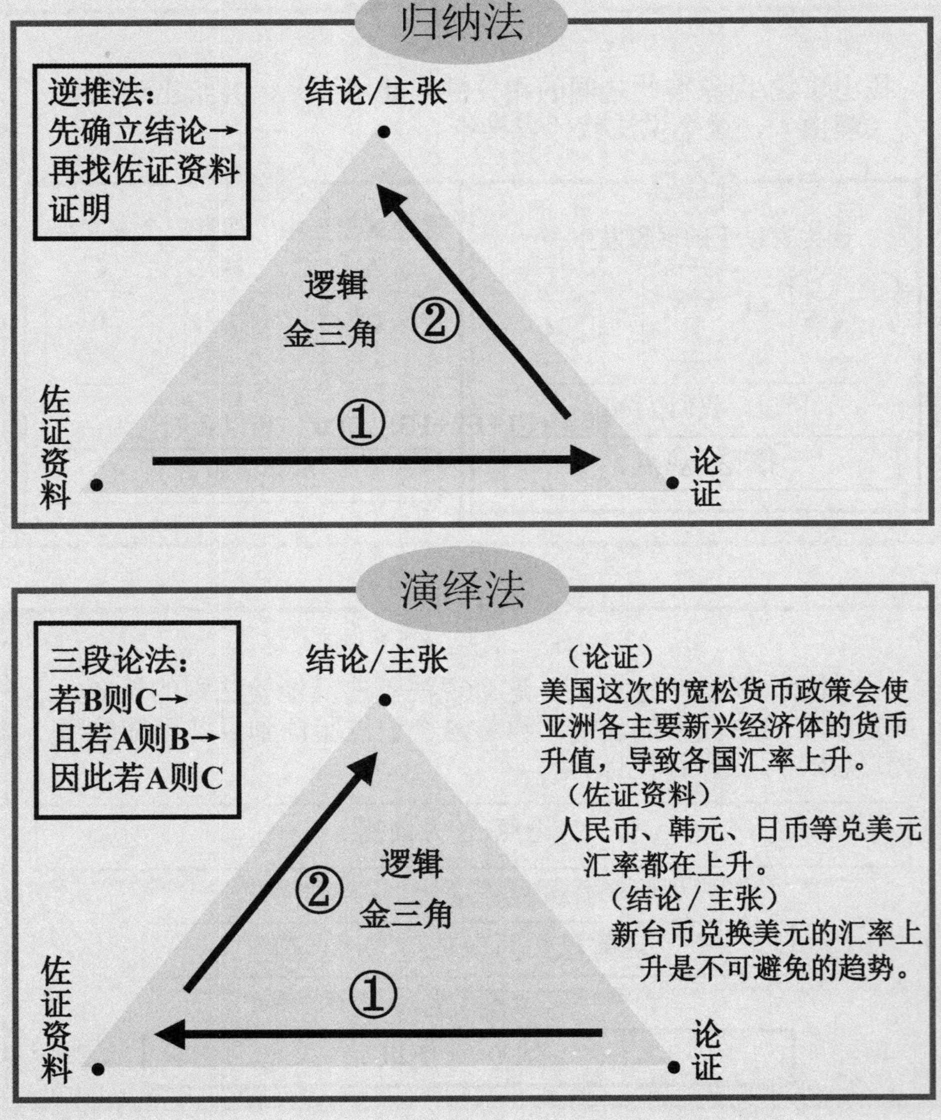

图 2.5.3　归纳法与演绎法的整合运用

步骤一　运用归纳法找出原则/规律/论点

从事实/数据之中找出通用性的原则，作为推论的依据。

事实1 (F1) → X品牌的汽车销售量占北部地区的35%以上，居第一

事实2 (F2) → X品牌的汽车销售量占中部地区的40%以上，居第一

事实3 (F3) → X品牌的汽车销售量占南部地区的45%以上，居第一

⋮

推论(F1+F2+F3…..)

X品牌的汽车销售量会相当程度地影响市场规模的大小

步骤二　将原则/规律/论点套用在三段论法上

将原则/规律/论点做为演绎法中的“三段论法”的第一段

前提论点

若B则C → X品牌的汽车销售量(B)→影响市场规模的大小(C)

事 实

且若A则B → 2011年(A)→X品牌的汽车销售量下滑10% (B)
(同时，其他汽车品牌也有下滑的现象)

结 论

因此若A则C → 2011年(A)→整体的汽车市场规模会下滑(C)

相反的角度而言，如果先有结论，再找佐证数据来证明也是可行的。而这个结论的性质就属于一种“假设”（assumption）性的结论，是依据常理、逻辑、经验、定理、法则等层面思考，所推断出的主张或论点，结论一旦成立后，我们就要多方收集资料，用来验证这个结论（假设）是否站得住脚。

归纳法是一般人最能理解与最常运用的思考方法，类似KJ法，只是KJ法是一连串的归纳过程，并在过程中不断形成上一层的标题（主题），最后获得结论，是一种组合与归类的过程，也是金字塔结构法中的“向上概括”的概念。

与归纳法相对的概念就是演绎法（deduction）。它是运用一般准则来类推，方法是先提出一种说法（论点）——这个说法是经验认知或实验证明下的产物，而后将这个说法套用在佐证资料上，证明都没问题后，再导出自己的观点（主张）。例如，先提出“美国这一轮的宽松货币政策会使亚洲各主要新兴经济体的货币升值，导致各国和地区的汇率上升”的论点，再套用在“人民币、韩元、日元等兑美元汇率都有上升的现象”等佐证数据上，最后说出以下的观点：“新台币兑美元的汇率上升是不可避免的趋势，台湾地区货币政策主管机关应放手让新台币适度升值，也可缓解全球原材料大涨带给台湾地区的输入型通货膨胀压力。”以逻辑金三角而言，就是依论证→佐证数据→结论的逻辑顺序展开推断。

另有一种论辩上的三段论法也属于演绎法的一种，因为是运用“若B则C，且若A则B，因此若A则C”的三段逻辑结构，所以称为三段论法。这也是论证→佐证数据→结论的说明顺序。例如先提出“所有的马都会奔跑”的论点，这是一个前提（premises），再套用在“蒙古马也是马的一种”的事实，最后得出“蒙古马也会奔跑”的主张。又例如，先确立“所有的恒星都会死亡”这一自然法则，再说明“太阳也是恒星”这一事实，最后得出“所以太阳最后也会死亡”这一结论。

这种三段论法的演绎法可以与归纳法结合，使你的论点更有说服力。使用方法是先运用归纳法导出通用的一般性原则，作为大前提，再将这个原则套用在三段论法中的第一段“若B则C”，最后的第三段“因此若A则C”就可作为演绎法的结论。

◎联想——逻辑思考的“FACT原则”

与以上的归纳法与演绎法相关的，还有一个进行逻辑思考的重要原则，就是FACT原则，也就是Fact（事实）、Assumption（假设）、Consequence（结论）与Thinking（思考）的四个原则与顺序：首先要收集正确而完整的信息，作为事实的呈现；接着，依据这些事实做出合理的推论，也就是成立假设；再依据假设推出结论，并思考结论的正确性与思考是否还有不够全面的地方。

FACT原则可以作为在推论过程中的一个自我检查评核表，经由不断检查与思考，将可有效提升思考能力。

图 2.5.4　逻辑思考的“FACT原则”

① Fact（事实）	② Assumption（假设）	③ Consequence（结论）	④ Thinking（思考）
☑完整性 已经收集到所有的事实吗？ ☑正确性 这些事实是正确的吗？ ☑解读 能够理解这些事实的意义吗？ ☑相关性 这些事实有没有与问题相关？	☑合理性 成立的假设合理吗？ ☑冲突 假设与事实之间，是否有相互矛盾的地方？ ☑验证 这些假设需不需要进行验证？	☑支持度 这个结论是否有事实与合理的假设支持？ ☑验证 结论需不需要进行验证？	☑信息的运用 是否已充分收集与运用信息？ ☑周全性 是否都已将不同的论点纳入思考？（即使是反对意见） ☑接受度 应该接受这个结论吗？ ☑替代性 有没有其他的替代性结论？

第三章

图解思考的工具应用篇

一、与创意联想相关的思考法

1. 可汇整信息与发展点子的思维导图思考法

思维导图（mind map）是一种没有思考限制的、“放射性思考”（radiant thinking）的可视化分析工具。外观上，它看起来就像一只八爪章鱼，会让人看到第一眼就留下深刻的印象。由于思维导图的结构与人类大脑中的神经网络的记忆构造相当类似，故可加快阅读者对图中信息的理解速度。它是由英国的一位心理学家——专门研究人类心智的东尼·博赞（Tony Buzan）在1974年开发的一种创意导向思考法。他发现人类的左脑（掌管文字、逻辑等理性思维）与右脑（掌管艺术、创意等感性思维）如果能同时结合运用，要比彼此分开工作更有效率。有鉴于他对大脑记忆的研究，他也以“大脑先生”（Mr.Brain）的称号而闻名世界。他著了一本《思维导图圣经》（*The Mind Map Book*）的书，书中详细阐述了他的理念与图形绘制的方法。

思维导图是一种将个人脑海中拥有的“经验知识”（非形式知识）转化为“形式知识”的图解方法，也就是将知识与智能结晶加以可视化与结构化的过程，经由阅读与体验思维导图接口，可大幅度提升个人的感受力、组织力、理解力、记忆力与工作效率，是一套运用脑力发展来处理与获得信息的现代化工具。目前思维导图已被广泛运用于各个领域的不同层面，例如，在商业界，可作为个人在职场上承接工作、设定工作计划、进行企划提案、作为开会的沟通工具等层面的运用；个人或学生，也可用来做上课笔记、读书报告、文章写作等运用。市面上业已出现一些绘制思维导图的计算机软件，例如Mind Manager、Free Mind等，让绘制思维导图的过程更为快速方便。

最近在书店看到一本由日本作家浅羽克彦所著的名为《树枝概念英文法》（中译本）的书，他也是用思维导图来呈现文法的结构，相当具有开创性与趣味性。而西班牙的诗人与思想家罗曼·卢尔（Roman Rull）则将所创作的文字与图像结合成一棵“知识树”，可以说是今日思维导图的绘制先驱。

◎“思维导图”的运用已发展为跨国企业运营项目

英国人东尼·博赞相当有商业眼光，自从他开创思维导图后，就积极发展为跨国企业运营项目，并懂得运用场合与媒体来造势。例如，在2009年的第14届国际思考大会上，博赞先生与其他专家学者共同宣布：“我们正处于智力世纪中！”博赞先生也在亚洲设立亚洲总部，有总裁、执行长与总讲师，并有认证课程，培训高级认证讲师。一些国际型大企业，例如微软、波音、花旗银行等，也相继采用思维导图作为思维工具，以提升企业竞争力。

◎思维导图的特色

思维导图是由文字、线条与图像三要素组合而成，它的最大特色在于充分运用各种有助于记忆与联想的视觉元素，如数字、图形、颜色、空间认知等，帮助我们更有效地思考与学习事物；在外观上，从纸张或画面的中央进行联想，再以放射状的方式记录联想的结果（关键词/相关项目），可以让人从图中看到整体结构与细节（项目）之间的关联性；其次，除了文字之外，也能放入插图、照片、图像符号、手绘图形等不同要素，形成一张丰富、具有高张力与趣味性的图像式“地图指南”，也可说是一张具个人风格的绘画作品，有利于人们按图索骥、领会精髓，留下深刻的印象。因此，思维导图可说是一种“图像阅读法”（photo reading）。

总之，思维导图是一种方便上手、可快速发展构想的图解式思考工具，它在单一的主题下所拥有的信息总量，可形成如同“目录”（catalogue）展开般的概念索引功能。另一方面，它通过联想与组合，可得到相关主题的整体图画，形成一张“意念地图”。

◎思维导图的绘制方法

将一张A4或A3的纸张横放，然后将作为思考主题的关键词放在整张纸的中央，向外联想出更多的关键词与相关的内容则排列在主题的周遭，并以线条连接，无论是文字或图像式的符号都可以，再从主题下的每个项目延伸出更多的分支（关键词与相关内容），最后就完成一张呈现放射状样子、很类似人类大脑神经网络的“思维导图”，具体的绘制方法有以下的六个步骤：

① 放置主题（central image）

将准备思考的主题（课题/概念/主张/解决对策……）放在纸张或计算机画面的中央位置，主题要具体明确，字数不宜过多，若有需要，可以在旁边再拉出一个有说明文字的图框，甚至有配合的插图或照片，以激发想象力。

② 画出分支项目

从中央的主题开始出发，进行联想，画出分支的项目与连接主题的线条，项目的数量最好控制在7个以内，以免战线延伸太长，无法聚焦。此外，所有与主题相连的线条是思维导图中最粗的线条，称为主干（main branch），再往下一个层级项目，所连接的线条较细，称为支干（sub branch），依此类推，这样做的好处是从视觉上所看到的不同粗细线条所串联的项目群组，可以方便辨别它们与主题的远近与亲疏关系，并知道这些项目是否属于同一层级

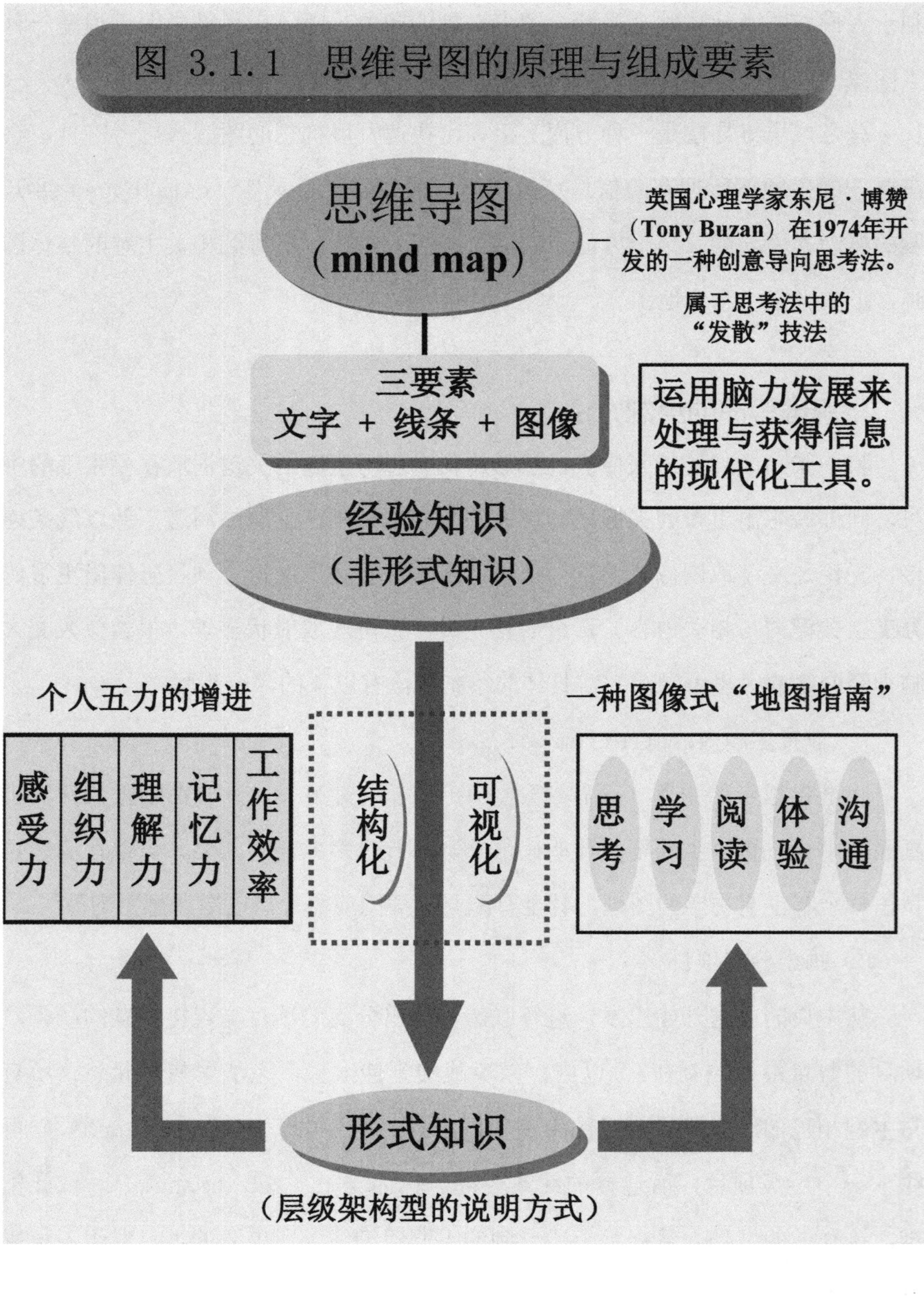
图 3.1.1 思维导图的原理与组成要素
思维导图
（mind map）
英国心理学家东尼 · 博赞（Tony Buzan）在1974年开发的一种创意导向思考法。
属于思考法中的“发散”技法
三要素
文字 + 线条 + 图像
运用脑力发展来处理与获得信息的现代化工具。
经验知识
（非形式知识）
个人五力的增进
感受力
组织力
理解力
记忆力
工作效率
结构化
可视化
一种图像式“地图指南”
思考
学习
阅读
体验
沟通
形式知识
（层级架构型的说明方式）

（主题→第一层项目→第二层项目→……）。

③ 延伸不同层级的项目

从第一层项目再开始延伸较细的子项目（与支干相连接的第二层项目），依此延伸下去，注意线条的粗细与相关项目的链接要到位。

④ 为项目添加视觉元素

美化思维导图的一种方法是为所有的项目设定不同的颜色、加上符号或插图、照片等，或是将分支线涂上不同的颜色。美化的目的是为了引起阅读者的共鸣与好奇心，激发想象，达成沟通与说服的目的，而非为美化而美化。因此，所放入的视觉元素应该以目的为导向，必须能够与文字达到相辅相成的效果。

⑤ 运用箭头、画圈或画框的方式标出项目间的相关性

如果是属于同一性质的重要项目群组，为强化视觉效果，可用画圈或画框的方式，将他们清楚标示出来；如果是不同层级之间的项目，彼此具有相关性，可用箭头或线条连接起来。

⑥ 阅读与修改

思维导图完成后，再仔细检查一遍，看有没有遗漏或需要修改的项目，如果有需要，可再回头修改中央的主题与相关的说明文字，以更臻完美。

在绘制思维导图的过程中，不需要遵守金字塔结构法中的MECE法则（彼此独立、互无遗漏），而是尽情地自由联想，这是属于思考法中的“发散”技法。

思维导图也可以与原有的一些思考模式结合，运用原有的项目进行联想。例如，针对主题进行SWOT分析，就能完成一张有优势（S）、劣势（W）、机会点（O）与威胁（T）等四大面向的思维导图；或者针对营销主题进行产品、价格、销售点与促销在内的4P分析思维导图。

话说回来，虽然思维导图很符合大脑放射性思考的方式，照理说在阅读

上应该没有问题，但毕竟不是每个人都能看懂思维导图，或是很习惯看思维导图，甚至非常喜欢看思维导图。这是每个人接收信息的偏好方式不同，甚至无法理解“图解”这一回事，虽然图解已经是出版作品或报告写作的一个世界趋势。目前我也已经出了三本企划类的图解书籍，但在一些场合，还是有人问我，为什么要画图解？我除了苦笑与脸上出现三条线外（作家应该做好自我情绪的管理，不能勃然大怒，虽然很想这样），还是只能就这个很基本的问题做婉转说明，这是身为图解书作者心中的“苦”。

图 3.1.2 “思维导图”范例——承接工作的思维导图

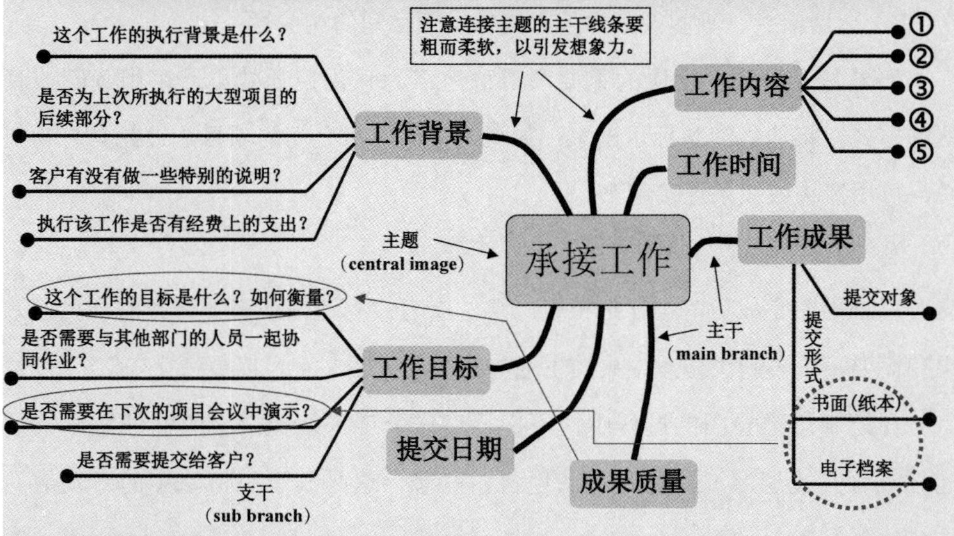

这张思维导图明确地标示出工作的背景、目标与QCD三要素(品质、成本与提交日期），并以箭头说明项目间的相关性，形成一张思考全面紧密的承接工作的思维导图。

◎思维导图的绘画艺术

市面上出版有一本《你的第一本思维导图操作书》的书，书中教大家运用各种绘画工具，如蜡笔、色笔、钢珠笔、原子笔、荧光笔等，用手绘制思维导图。乍看之下，每幅思维导图很像小学生的笔记本图画，充满了想象力与丰富的层次感，将思维导图提升到另一个绘画领域的层次。这样做的目的在于当我们用这些作画工具绘制思维导图时，因为图像与色彩的反复出现，激发我们能够产生更多的联想与灵感出来；当然，思维导图在商业上的使用，还不会如此色彩缤纷，不论是用手绘或是用计算机软件来做，看起来还是比较整齐简洁，中规中矩，不会有太多突出的线条或图框。

◎思维导图在演示上的限制

目前导入思维导图的台湾企业并不普遍，如果你的公司已经导入思维导图作为学习与沟通的工具，而你想用思维导图进行一场投影机式的演示，那么你会马上面临一个问题，就是当思维导图的项目很多时，计算机屏幕上的文字与图像会变得较小，让与会者不易辨识，看不清楚。为解决这个问题，有三个方法：

① 针对项目再浓缩，减少项目的数量。

② 将项目较多的群组（属同一层级）拉出来，另以单独的页面呈现。

③ 在需要详细说明的项目上设定“超链接”，有需要时再跳出与该项目相关的网页或Excel、Powerpoint等文件格式的窗口，或者你干脆用书面简报的方式，发给与会者一张A3或B4大小的思维导图，进行说明。附带一提，一些绘制思维导图的计算机软件也附加有自动将思维导图转换为Powerpoint文件格式的功能，只是如此一来，又回到传统演示的老路。

◎联想①——思维导图与其他分支概念的思考法或报告呈现的比较

现在让我们将思维导图与其他同样具有分支概念的思考方法、报告呈现做一个比较，其中，金字塔结构法与本书后面会提到的“鱼骨图”“树形图”等思考方法，虽然原理与逻辑不太相同，但它们都具有相同的分支概念，只是前面提过，思维导图不用遵守“MECE原则”（彼此独立、互无遗漏），这是它与其他思考方法不同的地方。

另一方面，就报告写作呈现的面貌而言，如果以传统的线性“文字条列式”、日本人爱用的“A3区块型一页提案书”与思维导图做比较，可看出彼此有互通的地方，就是都属于一种“层级架构型”的说明方式。其中，“文字条列式”的重点标题与“A3区块型一页提案书”中的区块标题，就是思维导图中，以“主干”与中央主题相连的主要项目。当然，你也可以将思维导图转换为文字条列式的报告（纯文本），只是如此一来，就没有了辐射，也不符合大脑一次撒出去的“放射状”思考模式。

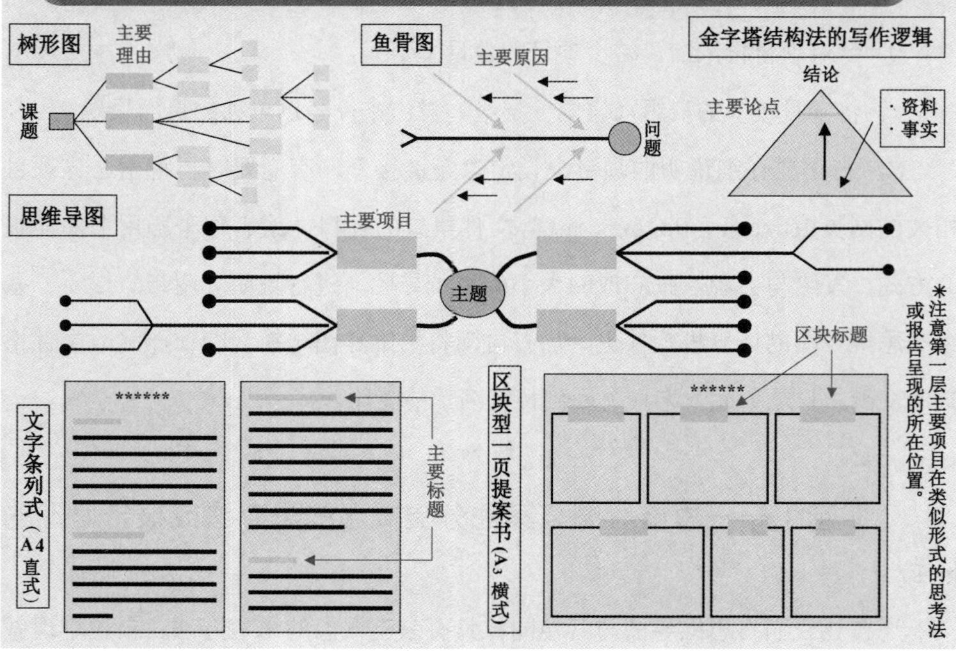

图 3.1.3 “思维导图”与其他分支概念的思考或呈现的比较

◎联想②——思维导图与日本创业家永田丰志的联想法则

日本创业家永田丰志认为联想是人类心理学的基本原理，他提出联想的四个法则，就是接近、模拟、对比与因果关系。

接近，是联想与事物本身最接近的东西，例如，看到领带就想到一起搭配的西装，两者之间存在一种依人类直觉反应就可以判断的直接关系。

模拟，是联想出与事物类似的东西，例如，从鲨鱼身上的鳞片获得灵感，制造出竞速的泳衣。模拟不仅只限于视觉而已，其他像气味、声音、触觉等感官所获得的信息都可以发展出相模拟的事物，这也是科学家从自然界获取灵感，在进行“生物仿生学”［1958年由美国的空军军医杰克·史提尔（Jack Steel）所提出的名词］的实验时，最常使用的思考方法。另外，作家也常用模拟的技巧来描述小说中的人、事、物，使情节不会那么直接地告诉读者，而是通过模拟对细节的描述，勾起读者的好奇心与丰富的想象力。

对比则与模拟相反，是联想出与事物相反或对立的东西，例如“换另一种观点来分析会怎样？”“做与不做这件事，结果会不会相同？”属于逆推的应用，因为从反方向来思考事物，有时可以发现意想不到的解决方法或新的事实。

因果关系则是从原因所会导致的结果来进行联想，我们会先推断几种可能的结果，提出方案A、方案B、方案C等不同的解决方法，这是一种预防性的因应准备。

在绘制思维导图时，我们可运用永田丰志所提出的四个联想法则：接近、模拟、对比与因果关系，使思维导图的设想层面更为全面丰富。

【生活应用范例】

美婷考公职的读书心得笔记技巧

美婷自大学教育系毕业后，5年来一直担任小学的代课老师，虽然努力想转为正式的小学老师，无奈僧多粥少，同时，受少子化带来的影响，每年全台湾地区的小学中，主管部门下发的正式教师名额也不多。经历几次失败后，美婷打消了争取成为正式教师的念头，将目标转移到录取后有保障的公职考试上。但是要选择哪一类的公职考试，她费了一番心思。最后，衡量自己的能力与兴趣后，她选择通过参加“高考”来获得文化行政类公职作为自己的目标，毅然决然地离开自己所任教的小学，计划以一年的时间准备高考。但是，当她想到自己已有几年不碰课本，在说长不长的一年的准备时间里，在没有补习的情况下，如果没有一套很有效率的读书方法，落榜的机会将会很大。她想起自己以前在大学读书时使用思维导图的经历，觉得思维导图很有用。于是在收集资料后，她依据自己读书与记笔记的习惯画出了一张准备参加高考考试的读书与心得笔记思维导图，希望自己可以依照这套方法苦读，从而获得录取。经过一年的努力与准备后，美婷终于如愿以偿地考取了文化行政类的公职，所取得的分数高居榜首。

以下是美婷所画的“高考文化行政类读书心得笔记技巧思维导图”。

图 3.1.4 高考文化行政类读书心得笔记技巧思维导图

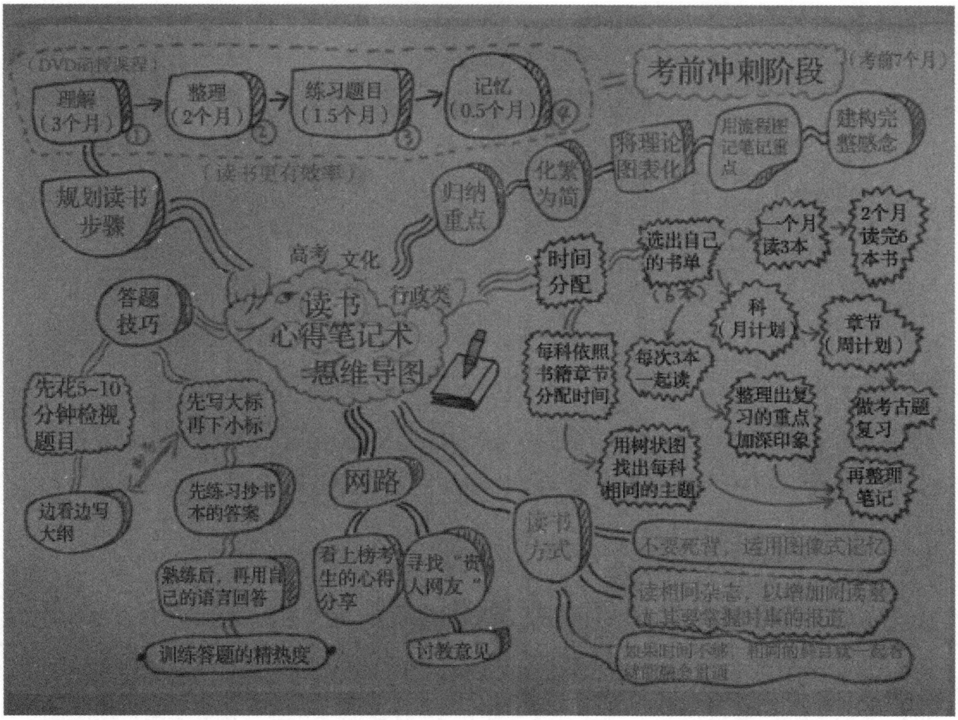

2. 跳出直线式思考的九宫格式思考法

小时候，我们都玩过九宫格的联机游戏，先在纸上画出水平与垂直各两条线，形成九个方格，再看两个人中，谁先将相同的符号连成一线，就赢了对方。现在，这个九宫格的游戏成了一种思考与想象的工具。它也被称为曼陀罗（mandala）思考法，是利用3×3的矩阵式表格来激发灵感与想法，表格中共有九个方格，由八条线与十六个节点组成，是日本人今泉浩晃所开发的一套思考技巧与工具（见图3.1.5）。

曼陀罗是从梵语直接音译而来，共有四种不同的意义。

① 音译是“悦意花”，属茄科，一年生的有毒草本植物，花白色，花冠如喇叭，被印度视为神圣的植物，多栽种在印度的寺院中；由于内含生物碱，可入药当作镇静剂或麻醉剂，又称为“山茄子”或“风茄儿”。

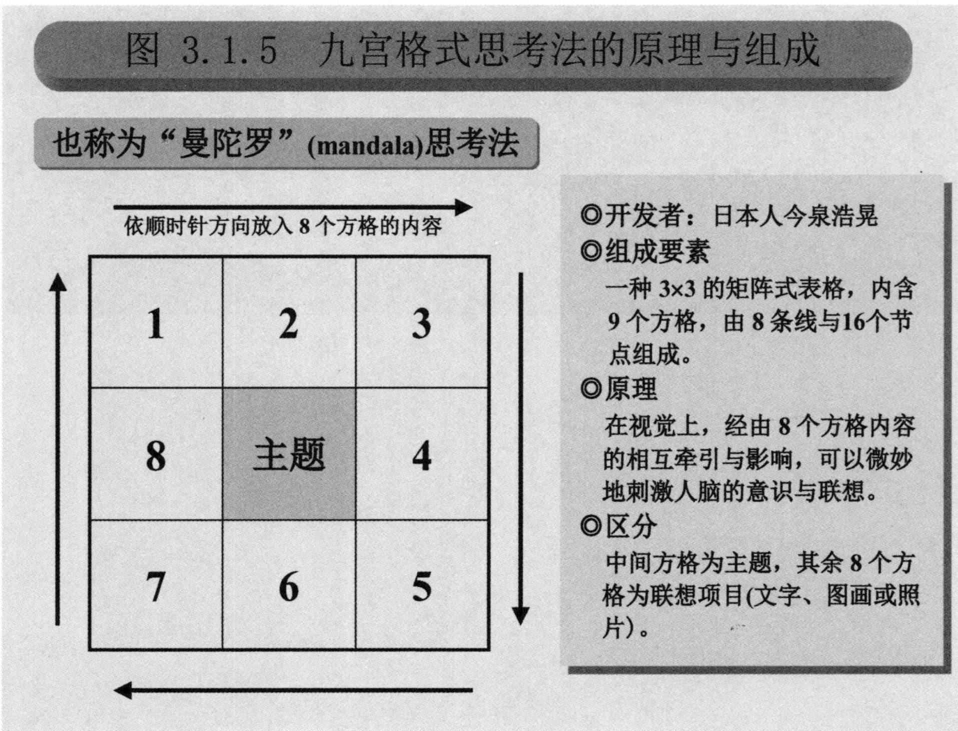

图 3.1.5 九宫格式思考法的原理与组成

② 梁朝的一个高僧名字。

③ 佛教中，能表现佛陀悟性的菩萨形象绘画。

④ 西藏佛教的密宗“转识为智”、获取最终智慧的一种思考方法，中间代表事物的原点，周遭的八个方格代表人的意识集中点。

运作九宫格式思考法，就是将所设想的“主题”放入中间的方格——主题有两种，一种是人物、事件或物品等特定对象，如新商品的名称；另一种是概念、想法、课题、问题点、解决对策等，如新商品营销企划、我想做的事。这是运作九宫格式思考法的第一步，接着，再由主题延伸出其他的想法与联想，并一一记录在每个方格中。

◎九宫格式思考法的运用模式

九宫格式思考法，在运用上，既可做“发散式”思考，也就是没有限制地随意联想，不受经验法则的限制，通常用在创意想象上居多。例如，新商品的发展概念，也可做“收敛式”思考，以整合归纳的分析原理，逐步厘清相关的问题点，最常用的是以Who为中心的5W、5W1H与5W2H1E等三种模式，另一种是以课题为中心的5W2H1E模式（见图3.1.6）。

○以Who为中心

你可衡量情况，选择以下三种模式之一：

① 5W （Why + Who + What + Where + When）

这个思考法是将Who作为中间的主题来进行想象，然后将Why、What、Where与When等四个W依水平与垂直的方向排列，围绕在Who的周边，另外的四个角落的方格，可视情况放入与主题Who相关的其他想象项目。

在5W的思考模式中，由Why、Who与What所形成的垂直栏，属于主体的“行动轴”，由Where、Who与When所形成的水平列，则属于主体周围的“环境轴”。

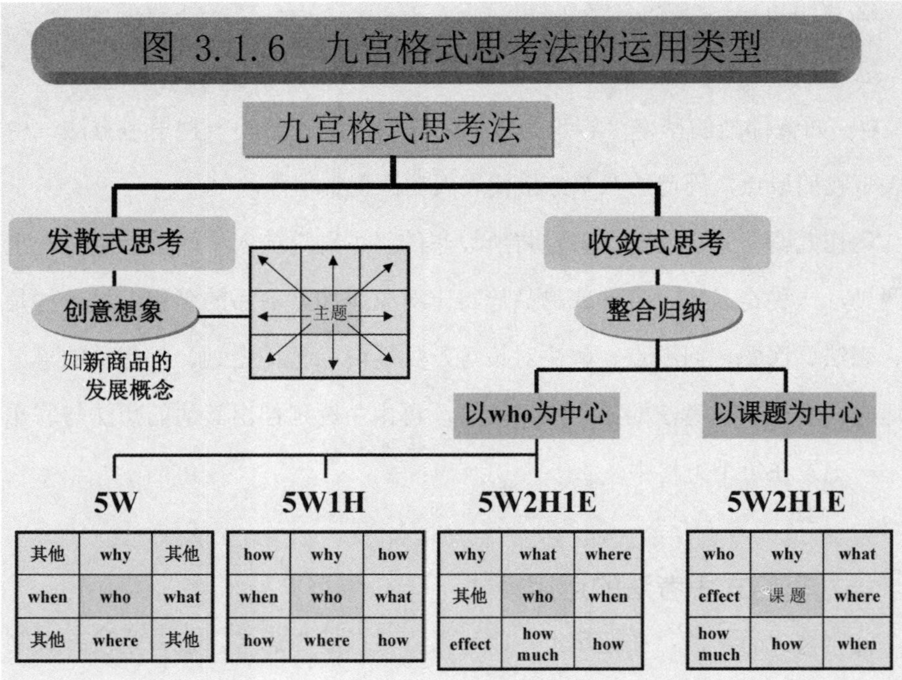

② 5W1H （Why + Who + What + Where + When + How）

方格的内容物、摆放位置与5W相同，只是在四个角落的方格都以How代替，也就是设想除了Who以外的4W，都要想到“如何做？如何进行？”的问题，并由此形成一项课题来探讨。

③ 5W2H1E （Why + Who + What + Where + When + How + How Much + Effect）

这是在前面的5W1H再加上How Much（经费预估）与Effect（绩效评估）两个项目，同样以Who为思考的主体，放在中间的方格，再将剩余的4W2H1E放入其他方格中，如此，还剩下一个方格，可放入其他相关的想象项目。

○以课题为中心

将中间的方格设定为某一课题/待解决的问题，例如，“新系列沐浴乳的上市营销企划”，再将5W2H1E等八个项目填入其他方格中，刚好可以填满八个方格。

方格项目的摆放位置，为了符合人类视觉焦点的移动方向，建议从左上方开始，以顺时针方向，绕行中间的主题区，依重要程度，将所想象的项目（元素）一一放入方格中，而所有方格的内容都可用文字、图画或照片来表示。

有时，为了让所想象的九宫格能够更具体化、细致化地呈现，可采用两阶段的思考方法：第一阶段先形成一个想象好的九宫格作为母体，第二阶段则是将第一阶段的九宫格母体中的八个方格（中间不动），逐一拉出，形成另一个新的九宫格，而新九宫格中间的主题就从母体的方格而来，如此，就可以形成八个九宫格，而代表创意想象的方格则有8×8=64个（中间的主题方格不算），连同中间原有的九宫格一并计算，总共有九个九宫格，成为一组九宫格“数组”（array）图，这就是曼陀罗矩阵思考法（MMM，Mandala Matrix Method）。（见图3.1.7）

图 3.1.7　曼陀罗矩阵思考法（MMM）

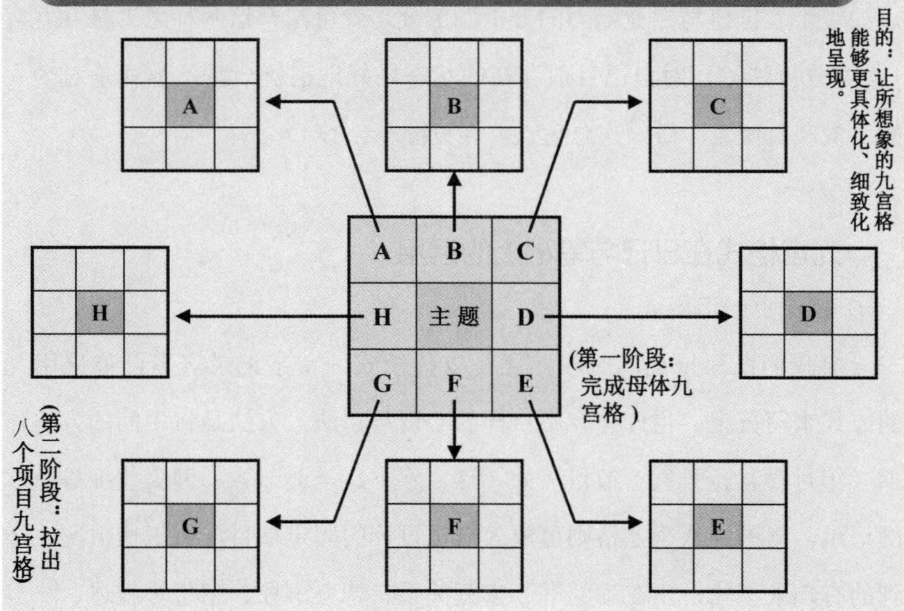

九宫格式思考法的原理，是要在视觉上，经由八个方格内容的相互牵引与影响，可以微妙地激发人脑的意识与联想，但条列式的直线思考方式，在视觉上就没有这种功能，同时，条列式的文字说明会阻碍灵感与创造力的想象，想跳离直线式思考的盲点，就要以新的情境与视野重新去观察事物。

◎“目标树”概念

又一位日本人松山真之助，另外提出一个结合九宫格思考法的“目标树”（target tree）概念。在这棵树中，树木的主干就是“主题”，例如，“使自己成为一位博学多闻的人”；上面所散开的支干与树叶则是所要达成的“目标”，是从下面的主题延伸而来，如“增加自己的知识与思考的视野”；至于埋在土里的树根则是实现目标所需要的策略、方法与技术，源源不断地提供主干与枝叶能量，使目标树愈长愈高、枝叶愈茂密，如“某年要读二十本商学类的书”“多读一些知名的国外刊物”。这是一种how的方法论，可运用九宫格式思考法来探讨。另外，也可加入2×2矩阵的SWOT分析法进来，让思考更为周全，如“个人价值与专业能力的分析”部分，就可结合这两种思考法（九宫格式+SWOT分析法），对自己目前存在的状态好好地剖析一番，也就是对个人能力的“资产负债表”做一次总盘点。（见图3.1.8）

◎九宫格式在日记与笔记上的运用

① 日记上的运用

一般我们在写日记的时候，还是以传统式的文字记录居多，如果用九宫格的方式来写日记，也许会有不一样的心情与想法，方法是将中间的方格作为日期（年月日）、天气、节日（如元旦、除夕、圣诞节）、健康状况等基本数据的记录，周围的八个方格则可放入自己设计的固定项目，如工作情况、今天遇到的有趣人事物、正在读的书、家庭关系、待办事项、感想等叙述，一旦设

图 3.1.8 “目标树”(Target Tree)概念

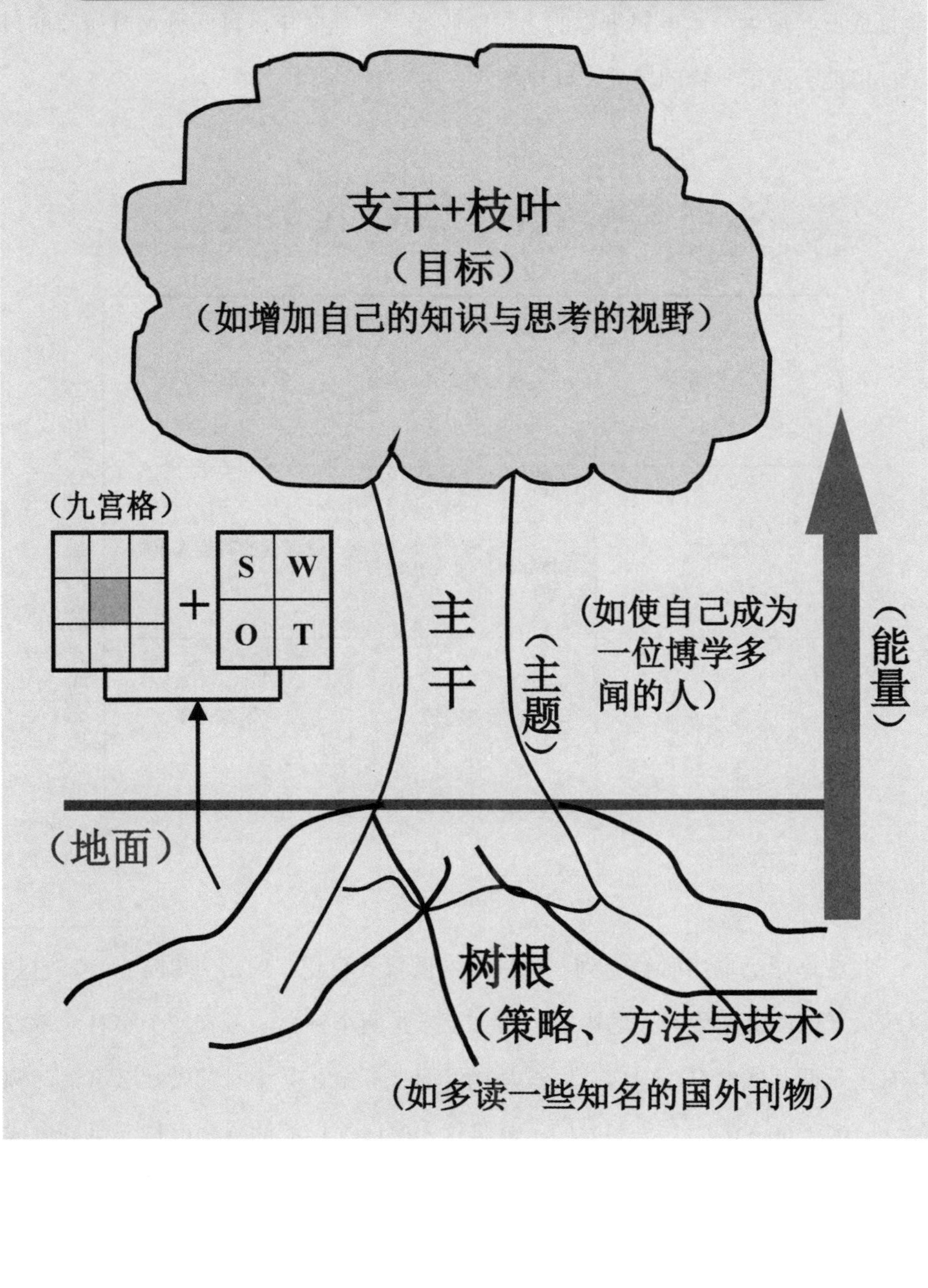

计好后，由于是方格型的设计，就会让你产生“填填看”的想法并付诸行动，将方格填满。这种九宫格式日记可用手写或数字记录的方式保存，如果是手写方式，建议可用计算机软件先设定好格式，打印后，再影印多张使用；最后可装订成册，成为一本专属于你的“时空胶囊”，当多年后再回顾这时所写的日记，可能会有不一样的感受。（见图3.1.9）

图 3.1.9　九宫格式在日记上的运用

◎工作情况	◎学习记事	◎正在读的书
◎感想	日期：2011年1月1日 （元旦） 天气：晴 身体状况：有点儿感冒 ……	◎遇到的有趣人事物
◎待办事项	◎朋友交流	◎家庭纪事

（可用手写或数字记录的方式保存）

我在逛诚品书店时会看到一种进口的图像式日记（Diary Graph）。它是以跨页式的两页作为一天的内容，左页上方是两个钟面，各有12个小时，下方与右页是两栏式的书写内容。做法是在钟面上标出在某个时段做什么事情，例如，am07：00—07：30早餐时间，就将这个时段（钟面的夹角区域）用颜色或符号涂满，依此类推，就可将两个钟面填满，再将每个时段的详细内容记录在下方的两栏式表格中（左边的字段可当作时段，右边的字段可书写文字）。这也是要经由视觉上的刺激，在动手画的过程中激发个人更多书写日记的灵感。（见图3.1.10）

图 3.1.10　另一种图像式日记（Diary Graph）

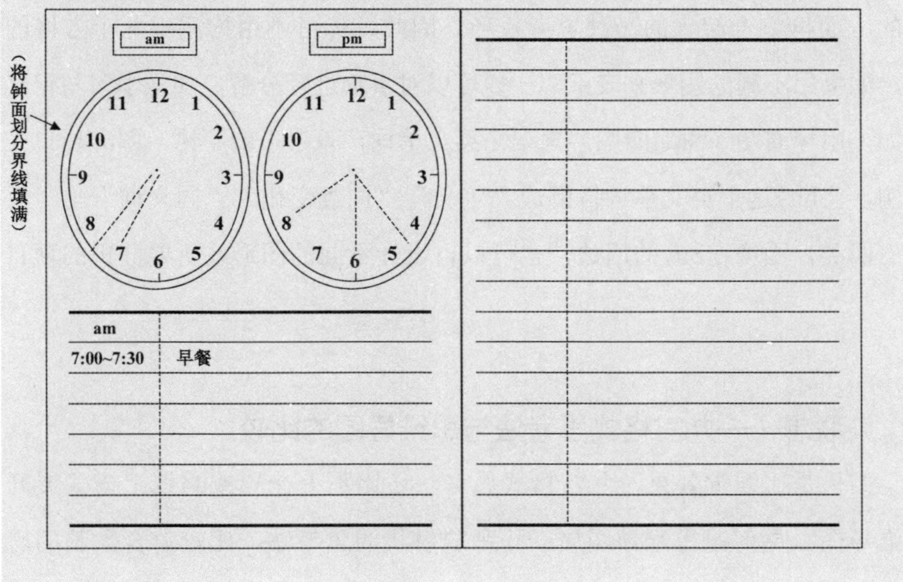

其实，日记的性质就是一种“与自我对话”的沟通交流平台，要心里有所感受才去写，提出自己对人、事、物的看法，也可以训练自己的观察与文字表达能力，否则就只是一种记流水账的清单形式，不太能够看见真正的自我与检验。

② 笔记上的运用

如果学生将学习用的笔记也用九宫格来记录，应该有加深理解与记忆的作用。方法是将中间的方格作为主题，例如，与世界历史有关的“第二次世界大战后的国际新形势”，其余的八个方格则可依序放入时代背景、二战时期、冷战时期、冷和平时期、后冷战时期、相关人物等相关项目。每个主题就可形成一个九宫格，并加以编号，下方再注明相关的参阅主题编号，可相互对照。如此就可将某一事件的前因后果与影响层面，整个串联起来，对于考前复习，相当有帮助。

其实，从另一个角度来思考，九宫格式思考法就是一种将事物分解成不同的方面再整合起来的一种思考技巧。因此，你可不用拘泥于九个方格的限制，如果用不同的图形来表示，一样可以对事物进行分解，加强学习与记忆。例如，用环圈图（甜甜圈图）来记忆英文单词，效果可能不错。图3.1.11中的范例，将buy这个英文单词拆解成“定义”“词类变化”“同义词”与“反义词”四类，围绕在buy的周边，也可以自设计不同的图形或所要分析的项目数量。

◎联想——九宫格式思考法与思维导图的比较

如果是比视觉效果，九宫格式思考法还比不上在A3或B4纸上横式展开的思维导图，更何况思维导图属于一种放射状的思考法，比较符合大脑的思考模式，也没有8个项目的限制；同时，它还可以使用多种绘图工具增强视觉效果。不过，九宫格式思考法确实是一种相当容易上手的个人化联想工具。但是，如果你想放入一些插图与照片，建议你还是用开放式的思维导图比较方便，因为封闭式的方格很难放入大量的图像式数据，最常放的还是文字的内容。

九宫格是一种方格式的封闭系统，思维导图则是图像展开式的开放系统。它们都属于一种可视化的图像思考法，目的都在创造一种容易组合各种概念与素材的空间环境，可让想法、创意或解决方法源源不断地产生。（见P61思维导图思考法）

图 3.1.11　以环圈图记忆英文单词

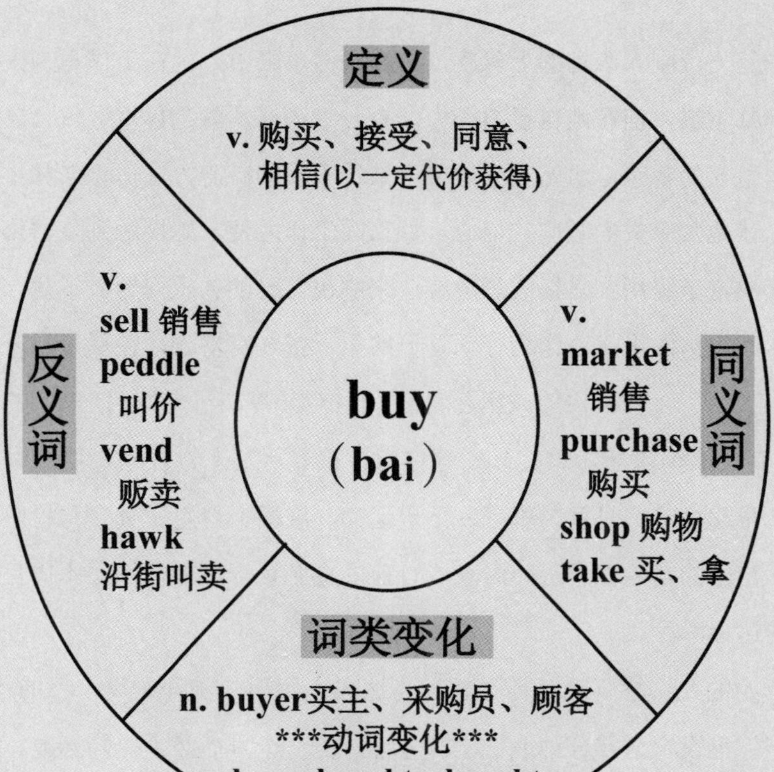

将英文单词“buy”与发音放在正中间，并以“定义”“词类变化”“同义词”与“反义词”四类进行分析，帮助学习与记忆。

（取材自《哈佛高材生的英单速记本》，我识出版社）

【生活应用范例】

美娟的减肥大作战

美娟是一位刚入职场的上班族，虽然在同事眼中，她在工作与为人处事方面的口碑都不错，但在她自己的心中却有一个缺憾，就是体重过重，连带影响到体态与他人的观感。虽然之前她曾尝试过不同的减肥方法，无奈体重就是降不下来，让她几乎失去减肥的信心。后来因工作之便，她接触到九宫格式思考方法，就决定干脆用九宫格式思考方法来解决自己的体重问题。于是，她先列出一张3×3规格的表格，作为行动首日的第一张九宫格表，往后每日一张。她在中央格先写下“陈美娟的减肥九宫格 2017年6月15日星期四 期待的标准体重=55千克（半年内减10千克）”等字句；接着从左上方开始，依顺时钟方向分别填入早起运动、早餐、中餐、下班运动、晚餐、就寝、分享与检验等八个空格——检验的功能在于可随时查看目前的减肥执行成效，例如本周目标与本月目标的达标率。

刚开始的九宫格行动目标会较容易达成。例如，刚开始第一日的“慢跑+健走时间”可设定为30分钟或低于30分钟，但一个月后必须提高标准，如设定多少距离（米）、要跑出多少成绩（分钟）。依此类推，往后每个月的标准都应不断提高，才能实现6个月后减重10千克的目标。更重要的是，美娟要有非实现不可的决心与意志力，否则减肥计划很容易半途而废，终至一无所获。

以下是美娟的第一日减肥计划九宫格表。

am 05:30早起 运动项目：慢跑+健走 运动时间：30分钟	早餐： 早餐内容： 热量≤（　　）卡	中餐： 中餐内容： 热量≤（　　）卡
检验 本周执行成效：　千克 （目标达标率=　%） 本月执行成效：　千克 （目标达标率=　%） 6个月目标= -10千克	陈美娟的减肥九宫格 2017年6月15日星期四 期待的标准体重=55千克 （半年内减10千克）	pm 06:30下班 运动项目：健身房 运动部位：臀部+大腿 运动时间：1小时
分享、激励与交流 对象： 心得： （也可以是自我对话）	就寝： 就寝时间：pm 10:30 就寝前的冥想： （类似瑜伽的概念，调整心灵的状态）	晚餐： 晚餐内容： 热量≤（　　）卡

3. 以九项检核表法与奔驰法进行创意的联想与筛选

我们每天在职场上班，有时为了一个创意绞尽脑汁，花了很多时间，还是无功而返；如果我们随时可以从口袋中拿出一张创意联想的清单进行核对，不用再到处漫无目标地想象，应该是一件轻松愉快的事，而世界上也真有用来创意想象的神奇工具：奥斯本的九项检核表法。这里所说的奥斯本，就是发明头脑风暴法（brain storming）的亚力克斯·奥斯本（Alex Osborn）。他也是美国知名的广告公司BBDO的老板，提出用九个必须检核的项目，来推断出新构想或新点子。

◎奥斯本的九项检核表法的内容

在检查与设想九个项目之前，我们必须先确定所要设想的主题，无论是具体或抽象的事物都可以，再针对以下的提示进行联想：

① 转用（put to other uses）（use A for B purpose）

是否能够将想法或事物做小幅度的改良或变动，转而做其他用途使用呢？

例如，改变电灯的光波波长，就成为一个可以照护病人、具有温热效果的红外线照护灯的医疗器具。

② 调整（adapt）［a+b+c→A'（转化）→A］

是否能够从其他地方获得灵感或构想，转而套用在自己的东西上，以进行改良或创作呢？

这是在进行创意开发上很重要的思考方法，类似“类推”的概念，以我而言，由于写作商业企划类书籍的需要，常常需要看很多的数据、书籍与杂志，有时其中的一句话、一段话或一幅图解，就能启发我的灵感，将这些话或图解转换（修改）一下，就成为我的东西，写在我的作品中。当然，如果是直接引用别人的作品，我会注明出处与来源，这是《著作权法》的规定，也是对别人作品的一种尊重；另一个常见的例子是，想半天还想不出来解决方案。这时，我们可以寻找看产业界有没有发生过类似的案例。有的话，看别人是如何处理的，或是从一些中外企业家的传记或回忆录中寻找线索，这些都是属于“应用”的例子。

③ 修改（modify）（A→A'）

将原有事物属性的一部分加以修改，看结果会如何？

先运用属性列举法，将事物的颜色、材质、声音、气味、外观、形态等属性一一列出，再将其中的一些属性做些改变，结果可能会有所不同，最常见的例子是产品的“包装设计”，目的可能是为了华丽感的品牌形象塑造或是为了消费者拿取方便而进行包装上的修改。

④ 扩大（magnify） （a→A）

如果增加一些东西，结果会怎么样？

想象一下，如果增加事物的体积、大小、重量、密度、强度、频率等，会发生什么样的变化？

在未来客机的改良上，体积将比目前的客机还要大上许多，以容纳更多的搭机乘客，提高载客量，而为因应这种趋势，机体本身也大量采用复合材料，使强度增加，重量也跟着减轻。

⑤ 缩小（minify） （A→a）

如果减少一些东西，结果会怎么样？

想象一下，将事物的体积、大小、重量、密度、强度、频率等加以减少，会发生什么样的变化？如果将住宿的饭店房间缩到最小，仅能让一个人在狭小的密闭空间中休息或躺着睡，卫浴间则是在外面由房客共享，就变成日本东京的“胶囊旅馆”，好处是价格可以大幅降低，节省房客的开支。另外，包括笔记本电脑（NB）、数字相机（DC）等的“轻薄化”设计，以及美国苹果的触控式平板电脑新产品iPad，从产品研发开始，就运用“减法”原则，将多余的功能与零组件移除，只保留最核心的部分，售价也可以降低，但也因此威胁到笔记本电脑的市场。

⑥ 替换（substitute） （A→B，A≠B）

能用其他东西替代吗？以B取代原事物的A，AB可以是不相干的东西。

前提是这样东西（B）必须保留原事物（A）的优点，甚至还超越它，这样的替代才有意义。如企业用租车的方式取代自己原本买车养车的做法，因为这样在企业的经营成本上更为划算。

⑦ 重整（rearrange） （A→B，some relationship between A and B）

如果换成其他东西，结果会怎么样？这是以B取代原事物的A，但AB之间仍存有某种程度的关系，置换的目的是要探究AB之间的关系，并了解置换之后的结果。

这种情形在数学或物理公式中常找得到，例如，数学函数中的f（x,y）=x+2y，如果x=1，y=2，那么f（x,y）=5，如果x与y换成其他数值，函数的数值也会跟着变动。因此，x与y可以置换成其他数值，而由函数来规范它们之间的关系。同理，宇宙与天文学家现在知道中子星与黑洞都起源于超新星爆炸，爆炸之后的产物如果质量够大，就会向核心塌缩成为黑洞，反之，则成为中子星。因此，中子星与黑洞是一种可以相互置换的概念，而它们都来自一场超新星的爆炸。

置换还有另一层意义，就是重组与重新配置。

⑧ 逆转（reverse）　（A↔B）

如果用相反的方向（对立面）来分析，结果会怎么样？

这是一种反向思考。为了提升速度，谁说飞机一定要用金属打造，用轻便的木头难道不可以吗？正是这种逆转思考，造就英国在二战时最知名的战斗机——“蚊式”（mosquito）战斗机，时速超过650km/h，使当时的纳粹德国闻“机”丧胆，不敢迎战。

还有，谁说旅游所搭乘的交通工具一定要速度快，以便早点抵达目的地，“慢游”不行吗？于是我们看到豪华邮轮与以氦气推动的飞艇出现在市场上，让乘客可以享受旅游途中的乐趣。“逆转”的原理与顾问专家斯蒂芬·葛洛斯曼（Stefan Grossman）提出的“逆设定法”相同，就是强制性地挑战现有的常识与思考架构，做出相反的假设，看看这样会产生什么结果。接着，再针对这个假设，思考出具体的解决方案。

⑨ 结合（combine）　（A+B=C）

与其他事物相结合的话，结果会怎么样？

这是一种矩阵式思考法，将横轴与纵轴的项目结合在一起（相加），就可产生新的事物，例如，自行车新产品——小型折叠式自行车（小折）就是“折叠”概念与“20英寸或以下的小轮径尺寸”两者的结合。军舰当中，可对付潜艇的驱逐舰，它的发展概念就是速度与鱼雷、深水炸弹的结合，而美军所研发的V22“鱼鹰”倾斜式旋翼机，就是一种将直升机与螺旋桨飞机结合的兵员输送工具，兼有两者的优点。

总之，在运用九项检核表法进行联想前，都要先消除所有“绝不可能”的先入为主的成见，试着放松、想象一下，也许会有一些惊奇的发现。请将九项检核表法当成一种动脑游戏的运动吧！

◎艾伯尔的SCAMPER检核表法

奥斯本的九项检核表法问世后，美国的心理学家罗伯特·艾伯尔（Robert Eberle）再加以简化改良，于1971年提出内含7个问题的创意想象展开法——SCAMPER检核表法。而scamper这个英文单词有“奔跑、蹦蹦跳跳”的意思，因此，这个检核表法又被称为奔驰法。

奔驰法的做法是先列出以下7大项目的一览表，再依序检视其中可以作为改良创意的思考方向，并针对每个项目提出问题，再思考问题的解答与可行性。如果某一项目提出的问题愈多，代表该项目愈能产生多元化的构想，进而找到创意的方向或解决问题的方法。实际运用中，SCAMPER检核表法以用在事物改良的方面居多。

① Substitute——替换 （A→B，A≠B）

② Combine——结合 （A+B=C）

③ Adapt——调整 [a+b+c→A’（转化）→A]

④ Modify——修改 （A→A’）

⑤ Put to other uses——转用 （use A for B purpose）

⑥ Eliminate——消除 （1→0）

⑦ Rearrange——重整 （A→B，some relationship between A and B）

以上的项目除了第⑥项的Eliminate（消除）外，其余的6项都与奥斯本的九项检核表法相同，其实，Eliminate（消除）与九项检核表法中的minify（缩小）的意义也颇为类似，因此，艾伯尔的SCAMPER检核表法其实并无太多的新意.只是他会在一览表中，除了原有的项目栏（切入点）外，另外还加入4栏的东西："定义""问题""可能的答案"与"可行性评估"，成为一张5×8的表格（一览表），方便我们可以在同一张接口上决定最后的可行方案。

图 3.1.12　奥斯本的九项检核表法

	切入点	英文	关系	意义	实例
1	转用	put to other uses	use A for B purpose	将想法或事物做小幅度的改良或变动，转而做其他用途使用。	红外线照护灯（具有温热效果的医疗器具）
2	调整	adapt	a+b+c→A'→A	将灵感或构想套用在自己的东西上，以进行改良或创作。	书籍撰写、乐谱制作
3	修改	modify	A→A'	将原有事物属性的一部分加以修改。	产品包装设计
4	扩大	magnify	a→A (+)	将增加事物的体积、大小、重量、密度、强度、频率等。	未来的大型客机（体积更大）
5	缩小	minify	A→a (-)	将事物的体积、大小、重量、密度、强度、频率等减少。	❑日本的"胶囊旅馆" ❑苹果 iPad 平板电脑
6	替换	substitute	A→B，A≠B	用其他东西替代。	企业用租车取代买车
7	重整	rearrange	A→B，some relationship between A and B	① 换成其他东西，探究AB之间的关系，并了解置换之后的结果。 ② 重组、重新配置。	数学或物理公式 如 数学函数f (x , y) = x+2y
8	逆转	reverse	A⇔B	用相反的方向（对立面）来分析。	英国的木制"蚊式"飞机
9	结合	combine	A+B=C	与其他事物相结合。	❑小型折叠式自行车 ❑速度+鱼雷 =驱逐舰

图 3.1.13　艾伯尔的SCAMPER检核表法

	切入点	定义	问题	可能的答案	可行性评估
1	Substitute (替换)	将切入点套用在主体上的定义。	针对切入点提出问题	针对问题提出数种的可能解答 ① ② ……	针对解答进行评估，选出最适合的方案。 ① O可行 ② X不可行
2	Combine (结合)				
3	Adapt (调整)				
4	Modify (修改)				
5	Put to other uses (转用)				
6	Eliminate (消除)				
7	Rearrange (重整)				

(思考方向)　① → ② → ③ → ④

4. 改变问题的问法，寻求解答

问对问题不仅是解决问题的第一步，也提供给创意想象一个正确的指引，因此，提出一个“对”的问题具有关键性的指标作用。这就是从源头先设定好正确的议题/命题，才不会让后面的工作/流程都在做白工，可见“提问”的重要性。

当我们为了一个问题/创意，整天闷着头想，想到搜索枯肠也想不出什么名堂的时候，我们可能要重新看待问题本身：是不是哪里出了什么差错？千万不要一直陷在错误问题的小圈圈中，跳不出思路的陷阱。

我在与人互动讨论议题的过程中，依据我的逻辑与习惯，我会边听边想，发现不对，会一直抛出问题寻求对方的解答。有时，我会连续提出2～3个问题，目的只想了解事情的前因后果、来龙去脉，以满足我的好奇心，并期待新的发现与观点。我发现，经由一问一答的互动方式，不仅让我分析事情更加仔细与清楚，收获丰富，对方也获益良多，更让我相信问问题是“学习”的一种有效方式，可以激起双方的思考火花，使讨论的议题更加清晰明确，就像浮现在眼前的3D效果一样。

那么我们要如何改变问题的问法，站稳第一步呢？

有三种不同层次的方法可以做到。

A. 将问题概念化→转个弯，换另一种方式问

做这种转换提问的前提是，你必须先了解问题的“本质”，才能将问题转换成一种概念来提问，也就是将问题转个弯，以“模拟”的思考方式来研究，转换成一种“概念化”的陈述，往往就能找到问题的答案，例如，你想发明一种牙齿保健产品，它具有“可以去除齿垢、不损坏牙龈”的产品特色。为了研发出这种产品，你会一头钻进牙医学的领域里研究，可是效果有限。这时，如果你扩大思考范围，将这种具体的问题转换成一般的抽象问题来说明，成为这样的叙述：“如何去除物体的一个表层，又不会损坏物体本身？”经过这样的概念转换，找答案就容易得多，而且一样可以达到目的。

这种将问题概念化最有名的理论就是“萃思”（TRIZ）理论，这是由苏联科学家真理奇·亚特舒勒（Genrich Altshuller）于1956年提出的一套系统化理论。TRIZ是四个俄文字母的缩写，意思为解决创意问题的理论，属于一种技术性问题的解答方法。他认为创意绝不是无中生有、天马行空，还是有某些原则可以遵循。

TRIZ理论是以模拟的认知与运用为基础，共有4个步骤，首先是分析特定的问题，并将问题抽象化，接着产生抽象的解答，最后结合“矛盾矩阵”（The Matrix of Contradictions）与数据库系统的运用，经由计算机软件的运算，就能产生具体的答案出来。

TRIZ理论由于牵涉到复杂的分析技术与专利数据库系统，并不适合一般人

使用，比较适合企业使用。不过，对于将问题“概念化”的做法，我认为很值得大家参考，所以也将它整理在这里。

B. 反向问法→从对立的角度来看一个议题或问题

从相反的角度改变议题或问题的问法，提出一些假设与做出这些假设的依据，会让我们看到另外一番不一样的景象，扩大我们的视野，改变从一而终的标准答案。例如，我们知道十五世纪明朝的三保太监郑和七下西洋的故事，他最远到达非洲东岸，如果将这一段历史改成：“如果郑和也像后来的欧洲列强般，在所到的地方建立殖民地，并进行贸易与资源的掠夺，那么中国的历史会不会改写？”依据这一个相反的命题，我们可以得出许多假设，例如，这样不仅很可能改变明朝的命运，也很可能改变整个世界的历史，当明朝的国力强大起来后，可能连后来的女真族努尔哈赤也会吃败仗，或甚至早就被明朝消灭了。或者想象：“如果1941年希特勒进攻苏联成功，消灭了斯大林领导下的苏联，建立起横跨欧亚的纳粹德国，那么二战的历史会如何演变？”像这一类的考题常在欧美的历史试卷中出现，考题并没有标准答案，考的是学生的思考、想象力与判断力。（见P192费米推论法）

C. 修改问题→使议题或问题更容易聚焦

如果问题问不对，当然要另外提出一个新的正确问题，但有一种情况是问题有部分问对，但还不够切中实质，这时我们就要将问题稍加修改，使问题更为明确具体。例如，产品的销售下滑，导致库存增加，该检讨的不是库存问题，因为库存增加是延伸而来的结果，但不是原因，应该要检讨的是所有与销售有关的变量，包括品牌、产品、价格、销售点、包装、服务等，看是哪个环节出了问题。

图 3.1.14 改变问题问法的三个层次

A. 将问题概念化→转个弯，换另一种方式问

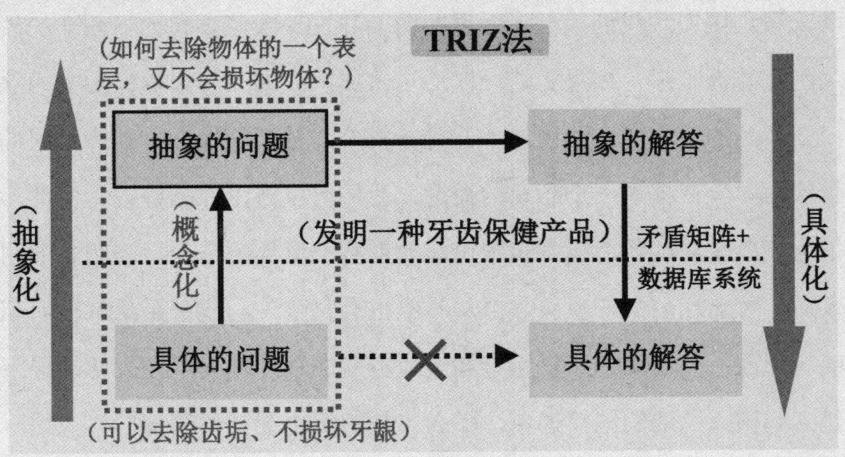

B. 反向问法→从对立的角度来看一个议题或问题

B1. 如果明朝的郑和也像后来的欧洲列强般，在所到的地方建立殖民地，并进行贸易与资源的掠夺，那么中国的历史会不会改写？

B2. 如果1941年希特勒进攻苏联成功，消灭了斯大林领导下的苏联，建立起横跨欧亚的纳粹德国，那么二战的历史会如何演变？

➡ 提出可能的假设与做此假设的依据

C. 修改问题→使议题或问题更容易切中实质

C1. 问题问不对 → 另外提出一个新的正确的问题

C2. 问题有部分问对，但还不够切中实质→ 修改问题，使问题更加明确具体

◎产品的销售下滑 → 库存增加（结果）

（原因）→与销售有关的变数，包括品牌、产品、价格、销售点、包装、服务等

二、与规划相关的思考法

1. 运用艾森豪威尔矩阵厘清工作的处理顺序

我们经常会用到时间管理的概念，而与时间管理有关的艾森豪威尔矩阵（Eisenhower Matrix），又称为艾森豪威尔原则或优先矩阵（Prioritization Matrix），属于一种工作分类的概念，可协助我们依重要性（important）与急迫性（urgent）的程度将工作分为四类，优先处理重要而且急迫的工作事项。说起艾森豪威尔矩阵的由来，则与1953年就任美国第三十四任总统的德怀特·艾森豪威尔（Dwight D. Eisenhower）有关。他提出了一套处理事情优先级的法则，这个法则就被后人以他的名字来命名。其实，艾森豪威尔矩阵更早的起源，与十九世纪末所发现的80/20法则有关。

◎一切都从80/20法则开始

你是否发现社会上的事物常有不平均的现象？例如《福布斯》杂志每年统计的有钱人排行榜老是那几张熟面孔？1897年意大利经济学家帕列托（Vilfredo Pareto，1848～1923）发现财富集中在少数人手中的80/20法则后，世人才逐渐明白原来我们的社会普遍存在着这种分配不均衡的现象（80%

的财富集中在20%的人手里）。类似的情形也出现在我们对工作的处理态度上。由于每件工作的重要性不同，如果我们还是依照自己的认知、偏好与经验来决定工作的先后顺序，而不是从整体的观点对工作事项先做好分类，再进行处理，那么最后可能的结果是在时间压力下，将重要的工作草草处理，交差了事。因此，我们有必要依重要程度来安排工作的处理顺序。

◎艾森豪威尔矩阵是80/20法则的实务应用版

如果你想让工作的处理更有效率，让你能用更多的时间与资源优先处理一些重要的工作，那么艾森豪威尔矩阵是你可以方便上手的一个分类工作的工具。它利用事情的重要性与急迫性的程度，将事情分成以下四大类，每一大类有不同的处理顺序与方式。

A. 重要又急迫的工作→优先处理

B. 重要但不急迫的工作→列入工作进度表，稍后处理

C. 急迫但不重要的工作→委派作业

D. 不急迫也不重要的工作→丢进纸篓（不处理）

其实，这项工作分类的原则之所以取名为“艾森豪威尔”，与二战时，美国知名的欧洲盟军统帅、也是美国第三十四任总统艾森豪威尔有关。据说，他每天都一丝不苟地强力贯彻他处理事情的原则：“优先处理最重要的事情”，前提是先区分事情的重要程度。正因为他严格遵守这项原则，因此，这项分类原则以他来命名，也正反映了这项原则的精神与意义。其实，与他同时代的其他伟大将领与近代的成功企业家也应该都会使用这项处理工作的原则——以全部的精力与时间先处理重大又很急迫的工作，这就是处理“关键少数”的工作艺术。

◎对于艾森豪威尔矩阵的其他联想

有时我会想：将事情划分成4类再决定处理顺序的艾森豪威尔矩阵，是否就足以让我们应付工作上的所有事情？其实，艾森豪威尔矩阵仅是一个概念，这个概念要能落实运用，关键在分类的动作上，我们应该要依据自己的工作属性、内容与职务级别，来决定哪一件是必须优先处理或暂缓处理的事项。

其次，优先处理“重要又急迫的工作”是一个原则，但也有另一种说法是必须先处理“重要但不急迫的工作”，最常见的是属于“规划性”的工作，与某种蓝图的设计有关。例如，要全面检讨与精简公司的人力资源，这种规划性的工作需要耗费大量的心思与时间，与“事务性”工作比较，通常都具有某种程度的急迫性。一般来讲，当一个人在公司内部逐渐升迁时，原本需要处理的事务性工作会逐渐减少，而规划性的工作会逐渐增加，说起来，这又与职务的性质与级别有关。比较好的做法是：立即处理“重要又急迫的工作”（象限A），但必须有所节制，以便空出更多时间，专心处理“重要但不急迫的工作”（象限B），也就是象限A与象限B是我们必须优先处理的重点，并思考与调和这两个象限的工作先后顺序与时间分配。

我们以公文签核流程的in与out作为例子，in是工作事项的流入，out是产出，中间的处理顺序与方式就是艾森豪威尔矩阵处理的领域，基本上，你要以三个档案夹来对工作进行分类，并以123代号来命名。

档案夹1：重要又急迫的工作→必须优先加以处理。

档案夹2：重要但不急迫的工作→将这些工作排入进度表，订下完成时间。

档案夹3：不急迫也不重要的工作→先放一边，但仍必须找时间完成。

对于急迫但不重要的工作，由于必须先处理重要又急迫的工作，我们已经分身乏术，因此，如果我们不能委派作业，由别人代理执行，就应向上级主管报告，由主管出面来解决这个问题。

图 3.2.1 从二八定律转换到艾森豪威尔矩阵

二八定律

意大利经济学家帕列托研究英国社会所得与财富的分配情形，发现存在不均衡的现象（其他领域也有类似情形）

❍80%的财富集中在20%的人手里
❍80%的产品销售额来自20%的客户

掌握处理“关键少数”的原则，就能解决大部分问题。

转换为工作上的实务应用版

用更多的时间与资源优先处理一些重要且急迫的工作。

艾森豪威尔矩阵

——让工作更有效率

		重要程度	
		重要	不重要
急迫程度	急迫	**A. 重要且急迫的工作** ◎优先处理	**C. 急迫但不重要的工作** ☞委派他人作业
	不急迫	**B. 重要但不急迫的工作** ✓列入工作进度表，稍后处理	**D. 不急迫也不重要的工作** ✕丢进纸篓，不予处理

图 3.2.2 以“in”与“out”概念说明艾森豪威尔矩阵

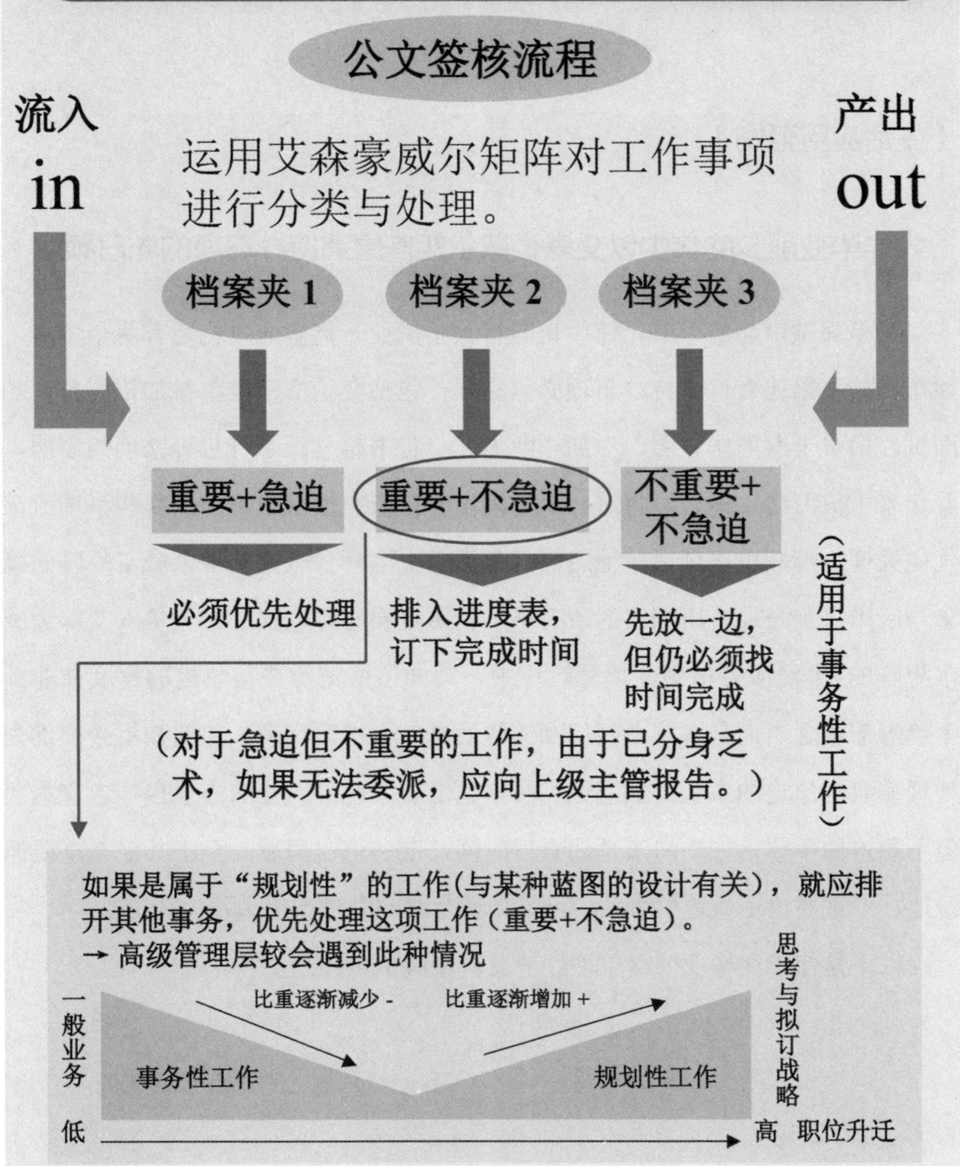

还有另一个有关的话题，就是派遣人力的问题，理论上，公司应该保留核心业务，而将其他业务委托给派遣公司来执行，可将艾森豪威尔矩阵中的急迫但不重要的工作，主要是事务性的工作，交由这类的派遣人力来负责，而公司则省下一部分人事成本。

【生活应用范例】

大学毕业前夕的伟中以艾森豪威尔矩阵厘清待办事项的先后顺序

又是骊歌声起的季节，伟中也即将大学毕业。离毕业典礼还有两个多月，他想到接下来还有许多待办事项必须完成，包括交论文、准备参加招聘公司的面试、拍学士服的毕业照、参加毕业典礼、将书籍与行李打包等繁琐的事情，看起来千头万绪。他曾经将这些事项列出一张表，但从中看不出哪些事项应该优先处理，哪些可以延后。他忽然想起课堂上老师曾教过艾森豪威尔矩阵的概念与应用，于是他将所列出的所有事项依照重要与急迫程度一一填入艾森豪威尔矩阵的4个对应方格中。填写过程中，他知道所谓重要与急迫的程度并非一个绝对的概念，而是事项之间相互比较而来的。填写完后，他就知道必须优先处理重要与急迫的事项，如交论文与口试准备。此外，他的心里也挂念着重要但不急迫的事项，如与房东预约看房时间，准备退租房屋。至于其他不重要但急迫、不重要也不急迫的事项，可另外排定时间处理或请人帮忙代劳。

以下是伟中在毕业前夕整理好的艾森豪威尔矩阵一览表。

	重要	不重要
急迫	○交论文与口试准备 （→至影印店取回论文影印本） ○论坛的前置作业讨论会议 （→联络教授、小组与总务处人员） ○准备参加招聘公司面试的文件 （→依约定时间）	○参加毕业旅行行程安排的讨论会议 （系学会+班级干部） ○拍学士服毕业照 （→联络照相馆+大学总务处） ○归还图书馆的借书 ○取回干洗店的衣服
不急迫	○预约房东看房时间，交还钥匙，取回押金 （→联络房东） ○参加谢师宴 （→依约定时间） ○参加毕业典礼 （→依约定时间） ○与学长姐聚餐，听取就业经验的分享 （→联络学长姐）	○与学弟/妹交接书籍与家具 ○与学弟/妹聚餐合照+校园拍照 ○书籍与行李打包

2. 运用GTD法则管理工作清单

前面所提到的艾森豪威尔原则是依事情的重要性与急迫程度来排定事情的优先处理顺序，这里介绍另一个方法，可以将还没完成的工作（待办事项）进行管理，就是GTD法则。GTD是Getting Things Done三个英文单词的首字母连写组成，是美国知名的个人生产力专家戴维·艾伦（David Allen）提出的一套释放自我压力的时间管理方法。

相信大家都有类似的经验，工作一件接着一件到来，似乎永远有做不完的工作。虽然已经处理掉一些工作（out），但是还未处理的工作（in）却不动如山，甚至还一直在增加当中，造成心里很大的压力，而脑海中也一直有“现有工作做到哪里”的焦虑。这就是未完成的工作与工作处理中的“双重夹杀”效应，会让一个人被工作追着跑，迷失在工作之海中。

◎GTD法则的做法

要解决这些问题，进而舒缓自己的压力， GTD法则就可以派上用场，让我们可以掌控自己的工作，运用四个流程来判断工作的性质与归属，做法如下。

① 收集与整理

将所有尚未完成的工作项目全部列出来，做成一张“工作清单”。

② 过滤

这是进入GTD漏斗的阶段，将“任务栏表”进行过滤的程序，流程中共有5个判定Yes或No的节点，依此路径走完后，就能得到工作“必须在今天立即处理”“委派他人来做”或“列入进度追踪”等三种情况。其中，必须在今天立即处理的工作属于“有必要完成”“不复杂”“无法短时间内处理完毕”“必须自己来做”与“无法排在后天处理”等五个同时成立的要件。另一方面，如果工作属于可短时间内处理完毕，你应该马上进行处理。

③ 执行

过滤后的第二轮工作清单就是当天应该执行的工作项目，我们要立即开始处理这些工作。

④ 回顾与检讨

至少每周一次，我们要重复运用GTD的工作过滤系统来管理任务栏表，一方面检讨上周执行的状况，更新原有的工作清单；另一方面，了解自己目前的情况，利用头脑最清醒的时刻处理一些较为棘手复杂的问题。

经过这样的运用后，相信我们的压力应该会逐渐减轻，让大脑有一段恢复与喘息的空间，到时我们的点子与创意可能就会源源而来。

◎联想——与艾森豪威尔矩阵的关联

如果我们运用艾森豪威尔矩阵对工作进行分类后，结果发现需要立即处理的“重要且急迫”的工作还是太多。建议再用GTD法则过滤一次，就可以挑出重点工作立即执行，并减少需要立即处理的工作量。

（见P93艾森豪威尔矩阵）

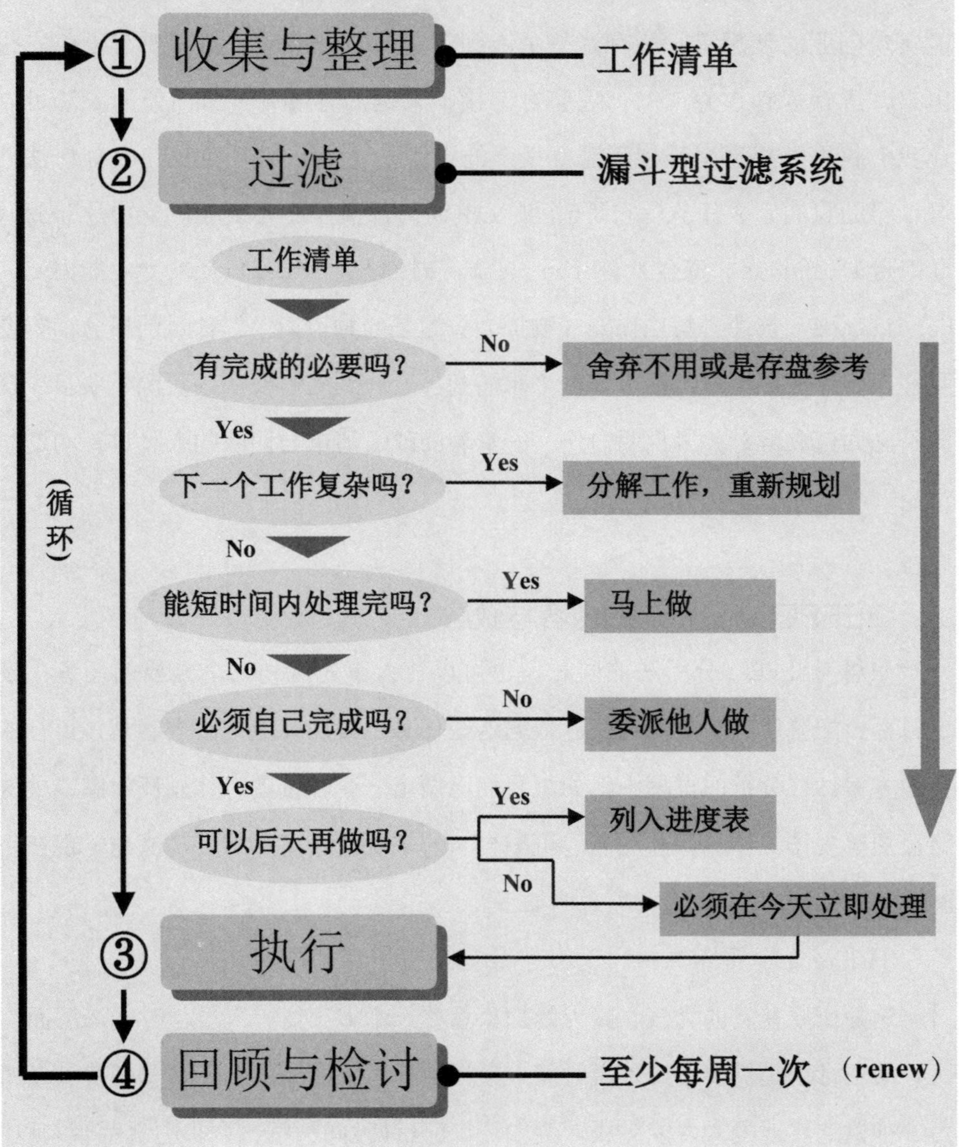

图 3.2.3　**GTD** 法则的做法

3. 运用EFFECT分析法规划工作所需要的资源

我们做一件事，不论是自己的事情或是职场上的工作，除非能自己独自完成，否则都需要其他的资源投入来协助。这些资源可能是人员、资金、设备或是一项专业知识，例如，可能需要团队其他成员的协助才能完成一项项目，可能需要请教专家才能了解如何换上新的水龙头，或是需要300万元的资金才能实现创业的梦想等。所有这些牵涉到“资源”的事情，都需要在事前先找出来，进行规划，并加以管理整合。接下来是，有没有一个简便的方法可以让我们找出并规划好计划所需要投入的资源？这里介绍一种EFFECT分析法，可以帮助我们完成任务。它是6个英文单词的首字母连写组成，分别是Energy（能量）、Funds（资金）、Free Time（时间）、Expertise（专业能力）、Conditions（条件）与Things（物资）。这是一种“清单”核对的概念，方便我们在做任何事情前，都可以先“想清楚”——到底需要哪些资源？要多少资源？又如何取得？并“说明白”——拿着EFFECT清单与团队的人员进行沟通与讨论。

◎EFFECT分析法的内容与做法

在思考EFFECT分析法的同时，也可以让人事先规划三个重要的任务：设定目标、配置资源与分派责任。依据这些任务，最后就能推出一套具体可行的行动方案。在分析的过程中，如果我们已做出一套甘特图、计划评核图或关键路径图等安排工作流程的图表，可配合一起来看，会更加周全与清楚。现在将EFFECT分析法的6个资源要项说明如下。

① Energy（能量）

这是所要花费的力气、精力的抽象总称，牵涉事情、人员与时间等层面。执行某项行动是需要一个人短时间、轻松地投入就能完成，还是要耗费大量精力、神情专注地投入才能完成？例如，以5分钟时间拆解一个小型洗手台与以3

天时间执行挖土机的挖掘作业，两者在行动上所需投入的精力明显不同。

我们要仔细检查每个行动细节所要花费的精力，并以文字进行描述。

② Funds（资金）

需要多少资金？资金的来源在哪里？这两个问题一定要想清楚。

资金不是一个笼统的数字，应该是精算之后的结果，如果没有这笔资金或资金不足，就要想办法填补资金缺口，才能推动待办事项解决。

在企业中执行项目，动用的是来自企业提供产品或服务的销售盈余或是自有的运营资金，在政府是动用年度预算或特别预算的方式，至于其他的单位或非营利性的组织，有时则要通过募款的方式才能取得所要的资金。

③ Free Time（时间）

指每个步骤所需要花费的时间，由于时间无法像其他资源可以复制，因此，在原有的完成期限下，执行步骤A所需要的时间如果不够，就只有延长完成期限或是挪用步骤B与步骤C的运行时间。这表示步骤B与步骤C的工作时间将被压缩。

④ Expertise（专业能力）

这是指做事的“方法”，每个步骤需不需要某些特别的知识与技术？如果你自己不具备这些知识与技术，就要自己去学或是聘请专业的个人或团队来执行，企业的一般常态性项目通常都以内部人员任务编组的方式组成，因为这是他们熟悉的产业领域；但在某些专门接国际大型项目的企业，例如，在大型建筑工程或国际机场中标的建筑师事务所，有些执行项目的成员就要外聘或委托外包。

这是资源规划所需要的“软件”，后面第六项的Things（物资）则是指“硬件”方面，两者恰为对比。

⑤ Conditions（条件）

有些行动步骤需要某些特定条件的配合，才能顺利展开，这些特定条件可分为人为与非人为两大因素。因为人的原因所造成的影响，就是人为因素，例如人员招募不顺、训练不足导致的延迟。非人为因素则指自然界的因素，例如连日下雨或风速过强导致吊车的物品吊挂作业延迟。所有牵涉条件的行动，都应该有应变的备案，如果发生以上情形，方案B或方案C可以派上用场（方案A为原始方案）。

⑥ Things（物资）

每个步骤需要哪些适当的“硬件”才能进行？包括原物料、机具、设备等，都必须在列表中详细记录这些硬件名称、规格与数量，如需要“35吨的砂石车3台”执行运载作业。

当你以EFFECT分析法规划好所需要的资源后，还要做两件事。

A. 记录资源取得的方式

面对EFFECT中的6项资源，你都要自问：目前是不是已经拥有这项资源？放在哪里？如果目前缺少这项资源或是资源不够，要如何取得？要通过什么人或是什么方法才能拿到？如有必要，你要另外准备一份取得这项资源的行动方案，并指定专人负责。

B. 为每个步骤找到负责人

每个步骤都要指定一位负责人，负责人会指派任务给部属或第三者来执行，这就是组织中明确的权责划分。

总之，当你用过EFFECT分析法后，等于整件事情的流程与运作，在你的脑海中走了一遍又一遍，产生对事情或工作的规划能力，也能帮助你将概略的计划转变成一套扎实的行动方案，强化后续的执行力，并为所有的行动步骤决定责任归属（有负责的人员担起责任），使整个工作进行得更为顺畅。

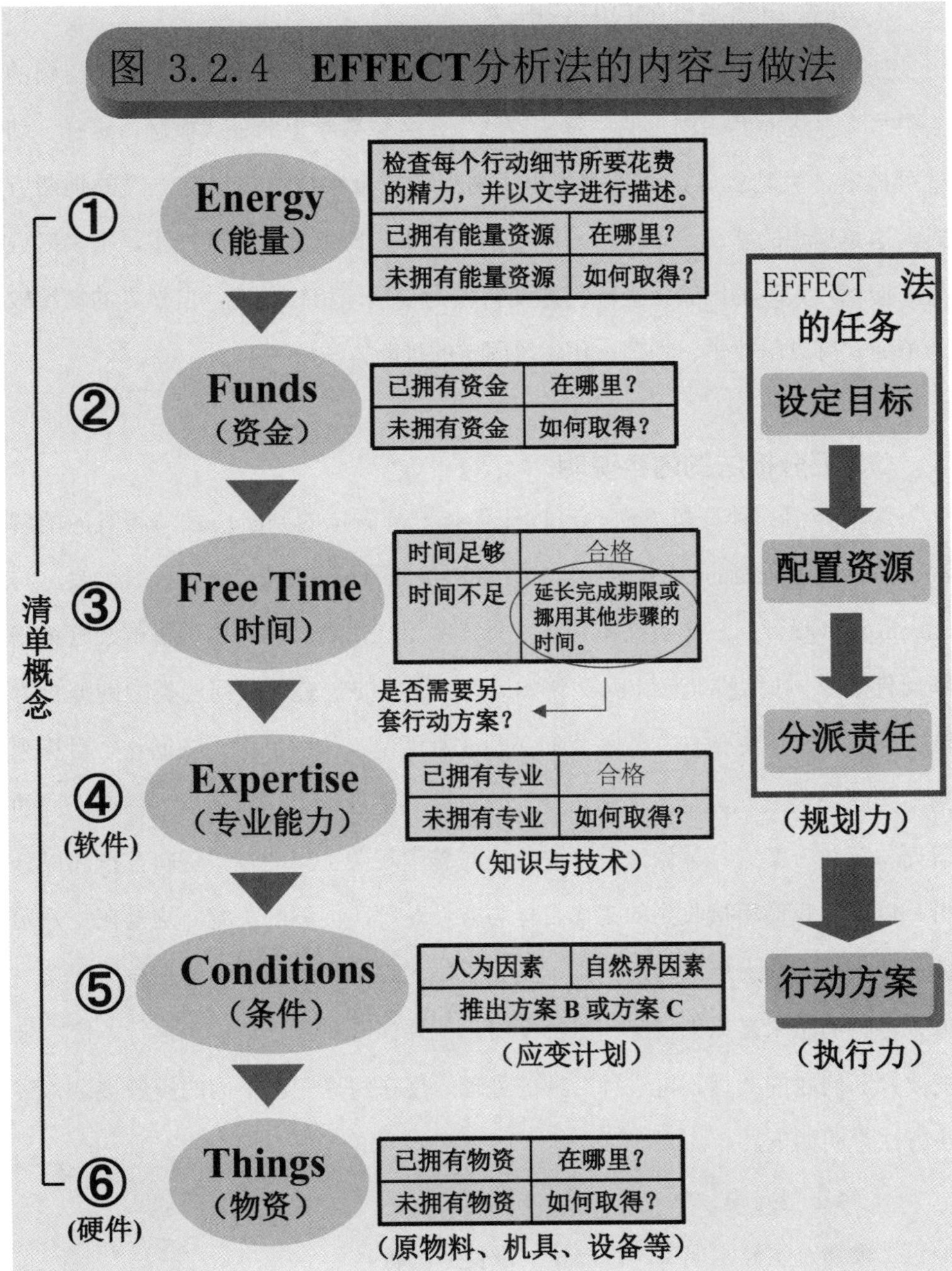
图 3.2.4　EFFECT分析法的内容与做法
① Energy（能量）
检查每个行动细节所要花费的精力，并以文字进行描述。
已拥有能量资源 在哪里？
未拥有能量资源 如何取得？
② Funds（资金）
已拥有资金 在哪里？
未拥有资金 如何取得？
③ Free Time（时间）
时间足够 合格
时间不足 延长完成期限或挪用其他步骤的时间。
是否需要另一套行动方案？
④（软件） Expertise（专业能力）
已拥有专业 合格
未拥有专业 如何取得？
（知识与技术）
⑤ Conditions（条件）
人为因素 自然界因素
推出方案 B 或方案 C
（应变计划）
⑥（硬件） Things（物资）
已拥有物资 在哪里？
未拥有物资 如何取得？
（原物料、机具、设备等）
清单概念
EFFECT 法的任务
设定目标
配置资源
分派责任
（规划力）
行动方案
（执行力）

4. 判定问题类型的RIE分析法

如果你在职场上班，一定很希望有一种轻松的分析方法可以判定问题的“类型”，进而套用固定的“解决方法”，类似数学上的公式概念，这样一切就可搞定，大功告成，而不需要再用树形图或金字塔结构法这一类的推断方式，这是理想的状况。不过，在现实的职场中，问题之所以会产生，很多时候是牵涉到“人”的因素，会让问题变得较为复杂，相较之下，自然界的情况较为单纯，可以用数学、物理、化学等固定的推断方法解决。

◎RIE分析法的内容说明

这里介绍一种分析方法，可以让你有一套固定的判断模式与相对应的解决方法，就是所谓的RIE分析法。它是由Repair（修正）、Improve（改良）与Engineer（设计）三个英文单词首字母连写组成，是2004年由美国的经营策略顾问佛瑞德·尼克尔斯（Fred Nickols）提出的一套判断问题类型的分析方法。但有一个前提条件，就是我们必须非常清楚工作的目标，依循这个目标来判断问题的类型究竟是属于修正型、改良型或是设计型，每种类型都有不同的研究与解决方案。具体做法是，先收集与整理相关工作的背景资料，再加以分析，以确定我们所接收到的工作目标与方针是解决问题的关键。这是在一开始就从源头先查核上层所转达的指示是否正确无误，以免到后面都在做无用功。如果分析的结果是原先设定的目标不对，就要修改目标，再着手执行。接下来就要判断问题的类型，再进行后续的处理。现在将这三种不同的问题类型与解决方法说明如下。

① 修正型问题

（事物发生异常现象，重点在“恢复”原状）

当事物出现故障停滞、运作不顺等异常现象时，处理方法是以排除异常现象为优先，先通过侦错程序了解问题发生的原因，再以修理、润滑、更换零组件、修改作业流程等方式修复异常的部分，使事物恢复运作，回到原有的效能或水平。最常见的是在生产线或管理现场发生机械故障的情况。这时主管与现场人员必须先了解故障的原因，再着手修复、排除故障，让机器能够持续运作。

○ 解决方法——4M1E分析法

所谓的4M1E在质量管理中常会看到，它是现场管理的五大要素——Man（人员）、Machine（机械）、Material（原物料）、Method（方法）与Environment（作业环境）的五个英文单词首字母的连写（只要记住"人机料法环"五个字就可以记住英文单词）。

做法是针对4M1E的5个方面进行逐项检查，一旦看到事物异常的原因与哪个环节有关，就针对该部分提出修正对策。由于4M1E简单好用，它也可以运用在一般的职场领域（如项目管理），找出迫切需要排除异常的关键要项。

② 改良型问题

（事物的效能不足，重点在从A变成A+）

这是产品设计上有问题（如功能过于简单或复杂），或是物流的作业效率不高（流程过于繁复）所导致，需要加以改善才能提升事物的效能；由于问题的源头来自事物本身的结构性问题，因此，需要通过改良的手段，变更事物的结构，才能提升事物的效能。

有时，修正型的问题与改良型问题有相关性，原本看似修正型的问题，到最后才发现是产品的改良型问题。如，车厂在保养或修理车辆的过程中，发现很多的同款车辆都有类似的问题，于是追本溯源，进行调查，才发现是车辆本身的设计瑕疵造成的。因此，原本只是单纯的排除车辆异常的现象，最后变成大规模的同型车辆召集回厂事件，这时必须改良车辆的原始设计，才能彻底解决这方面的问题。

○解决方法——PDCA分析法

美国的质量管理大师戴明（Edward Deming）博士于20世纪50年代提出PDCA循环（PDCA Cycle），又称为戴明环（Deming Cycle）。PDCA是Plan（计划）、Do（执行）、Check（检查）与Action（行动）四个英文单词的首字母连写，是质量管理与改善问题的思考方法，依序从P-D-C-A四个面向来探讨问题，从计划阶段的发现问题、收集与分析资料、找出主要原因到提出改善方案（拟订改善计划），一直到制订标准化作业流程、撰写“作业标准流程手册”的行动阶段，形成一个不断循环的回路，是一套不断追求质量改善的过程。PDCA循环的思考方法不仅可以运用在产品质量的精进改良上，也可以运用在一般的职场领域，作为改善与解决问题的参考。

◎联想——日本的PDS循环

美国的PDCA循环与日本商场上所运用的PDS循环有类似的关联。PDS是Plan（计划）、Do（执行）与See（考核）的三个英文单词的首字母连写。其中，Plan阶段要从发现问题与界定问题开始，接着进行问题分析，最后提出解决方案；第二阶段则是执行解决方案，最后对解决方案的执行进行考核；如果又产生新的问题，就要开始另一个循环的流程，又重新进入Plan的阶段。

③ 设计型问题

[依据工作目标创造新事物：重点在“0（无）→1（有）的创造”]

针对工作目标进行事物的设计与制作，这是一种创意性的思维活动。例如，为了解决台北101大楼在遇到强风或地震时，所引起的摇晃问题，建造团队特别设计并制造了一个直径5.5米、重达660吨的钢球，安装在高楼层作为风阻尼器使用；由计算机控制四条钢缆，运用反作用力的原理，调整并移动钢球的行进方向与振幅，在遇强风或地震时，可有效减少101大楼的摇晃程度。

○解决方法——产品生命周期管理法[PLM（Product Lifecycle Management）]

1966年美国哈佛大学的教授雷蒙德·弗龙（Raymond Vernon）发表产品生命周期[PLC（Product Life Cycle）]的理论，后来又发展出产品生命周期管理法，将产品设计的工作分为四大流程，提出概念（Conceive）、设计（Design）、实现（Realize）与服务（Service）的CDRS流程，是一套主导产品设计与资源整合的管理方法。其中，提出概念与设计阶段属于规划的性质，实现与服务则是执行的过程。

在提出概念的阶段，你需要从市场调查或公司数据库中收集一些背景资料，以了解客户的需求，提出产品设计的基本概念（如规格、功能、用途、给谁用）。接着，进入设计阶段，依据基本概念提出细节设计与所需投入的相关资源（如人员、执行方法、机器设备）。到了实现阶段，就要制作数种不同版本的成品样本进行测试，最后选定最符合基本概念与需求的成品样本。而最后的服务阶段，则涵盖产品上市前的准备与上市后的推广活动（如营销、媒体广告），并成立完善的售后服务系统。

这套产品生命周期管理法同样适用于无形的流程规划（如品牌定位、物流规划、工厂标准作业操作流程）上。

以上是整个RIE分析法的说明，看问题是哪一类型，再决定所要使用的解决方法。但我们也必须将其他辅助思考的方法，如KJ法、鱼骨图、树形图等纳进来，作为RIE分析法中发现问题、找出原因的思考工具，这是探究事件真相的钻孔机。

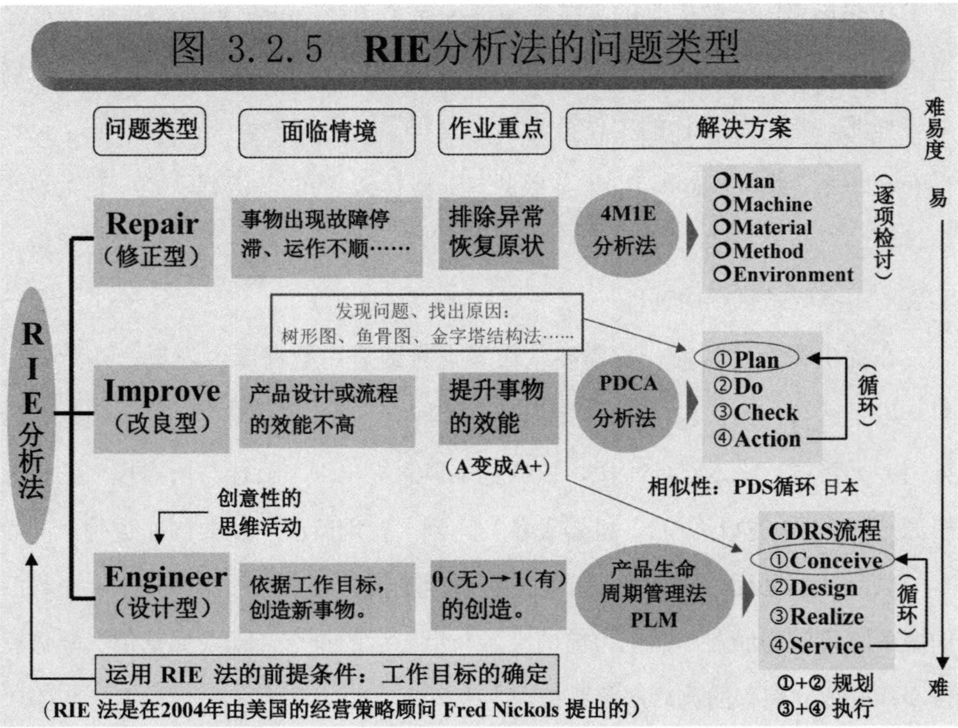
图 3.2.5 RIE分析法的问题类型
问题类型
面临情境
作业重点
解决方案
难易度
易
难
RIE分析法
Repair（修正型）
事物出现故障停滞、运作不顺……
排除异常恢复原状
4M1E分析法
Man
Machine
Material
Method
Environment
（逐项检讨）
发现问题、找出原因：
树形图、鱼骨图、金字塔结构法……
Improve（改良型）
产品设计或流程的效能不高
提升事物的效能
（A变成A+）
PDCA分析法
①Plan
②Do
③Check
④Action
（循环）
相似性：PDS循环 日本
创意性的思维活动
Engineer（设计型）
依据工作目标，创造新事物。
0（无）→1（有）的创造。
产品生命周期管理法PLM
CDRS流程
①Conceive
②Design
③Realize
④Service
（循环）
①+② 规划
③+④ 执行
运用 RIE 法的前提条件：工作目标的确定
（RIE 法是在2004年由美国的经营策略顾问 Fred Nickols 提出的）

三、与问题的厘清相关的思考方法

1. 运用5W2H的自我提问法厘清问题的本质

所谓的5W2H是Why、What、When、Where、Who、How与How Much等七个英文单词首字母的集合体，是一种用来分析问题的思考方法，最早是由二战时的美国陆军部门提出的，后来也广泛运用在商业界，对厘清问题相当有帮助。

遇到问题时，你可以用5W2H来自我提问、分析问题，最后提出具体有效的解决方案，现在依序将每个英文单词的意义说明如下：

① Why？（从目的轴来看）

（为什么会出现这种情况/结果/现象？为什么我们要做这些事情？目标与动机是什么？）

这牵涉到两个层次的问题。首先，我们要对问题进行诊断，搞清楚问题的本质与来龙去脉后，才能对症下药，提出适当的处方（解决方案）；其次，在提出解决的对策后，还须反复自问：做这些事情（动作）是否有必要？做法/步骤是否正确？

经过这样反复的推敲与演练后，才能确保在5W2H思考法的第一步站稳脚跟。因此，先问Why是面对问题的第一问，为确保问题的分析正确无误，思考上愈周详愈好。此外，Why的部分论点可以当作解决方案的背景数据，加入企划书/计划书的“前言”之中。

② What？（从功能轴来看）

（在解决问题的方案中，要做哪些事情？）

这是由Why延伸而来的计划方向，可运用列举法列出工作上所有的待办事项，这一部分会与下面的⑥ How产生关联。

③ When？（从时间轴来看）

（每个待办事项的工作进度如何划分？什么时候开始进行？什么时候是整个方案完成的最后期限？）

可运用甘特图、计划评核图、关键路径图等各种项目进度管理工具，制订详细的工作流程与进度，确保整个解决方案能如期完成。

④ Where？（从空间轴来看）

（要在哪里进行工作？执行工作的地点在哪里？）

这牵涉两种不同含义的工作地点，一种是工作项目的发生地点，另一种是执行工作的地点，两者可能分属不同的地方，例如，吊车的吊运作业，工作项目的发生地点在台北所属的吊车公司，但吊运作业的执行地点却在桃园。

⑤ Who？（从出场的人物轴来看）

（谁负责执行这项工作？督导又是谁？）

解决方案中的每一个工作事项一定有专属的人员负责执行，也有负责督导的主管进行管理，在大型的计划或项目中，通常有一整个团队（Team）执行某一件特定的任务。

以上的①～⑤都与工作的规划有关，这些确定后，才能进行下一步⑥与⑦的思考。

⑥ How？（从方法轴来看）

（要如何做？用什么方法做？需要用到哪些器材或设备？）

图 3.3.1　**5W2H**的组成与思考顺序

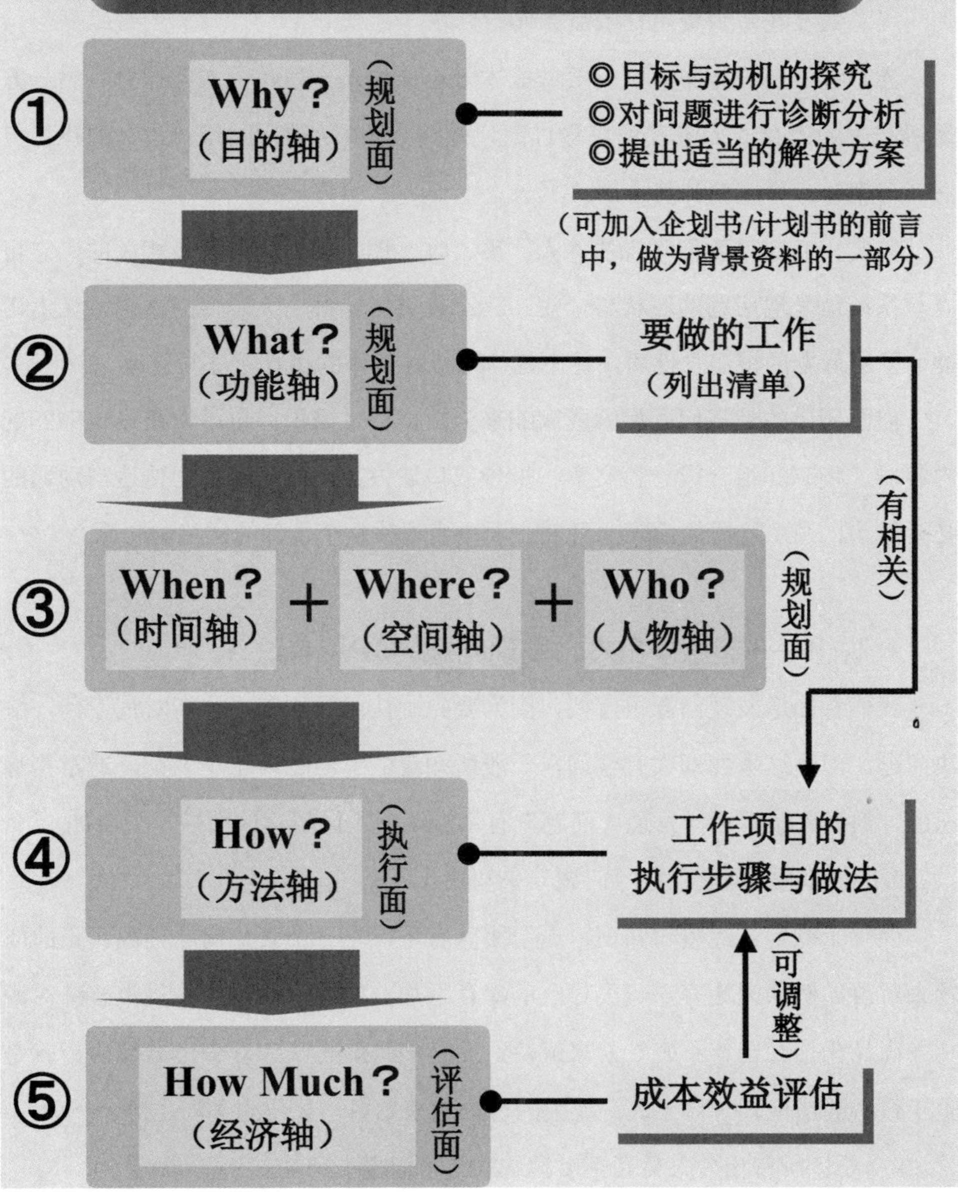

工作项目的执行步骤与做法，会直接影响到成本/经费支出的多寡，通常以用最少花费达到最大的工作效率为原则。

⑦ How Much？（从经济轴来看）

（总共要花多少费用？效益如何？）

当拟订好解决方案后，就要做成本效益评估，一方是投入的经费，另一方是所产生的效益，如果发现花费过高，效益有限，我们可调整⑥How的执行方法（备案），再重新计算一次。

其实，5W2H与我们常说的“人、事、时、地、物”的掌握是相关的，它可以有系统地呈现问题的现状与全貌。5W2H也类似一种上下延伸的概念，往上延伸可了解问题的根源与性质，往下延伸可拟订工作的执行方法与进度。

前面所讲的是将问题拆解成5W2H来分析，反过来说，也可以在设定5W2H的内容后，将5W2H组合成一篇文章、报告或口述内容，成为商场上传达与沟通的必要架构，经由这样的铺陈，可以让人快速理解整个事件的样貌与轮廓。

◎联想——起源于日本、发现问题的4P思考法

我们都知道发现问题很重要，因为要先确认问题所在，才能对症下药，解决问题。但是这里面却大有学问，一般所知道的“问题”这个名词，通常是静态的，但深入了解后，发现“问题”有牵涉两个不同层次的面貌，说明如下。

A. 将真正的问题当成“问题”来解决

受限于能力、经验与知识，一个团队有可能将一个表象问题当成真正的问题来解决，例如因为客户流失导致的库存增加的问题。此时，如果没有针对源头（商品为什么销售不好？）来解决，而是偏执地想从库存管理来解决，就是犯了致命的错误，时日一久，流失的客户愈来愈多，公司想不垮也难。

B. 要让所有相关人员真正了解这就是“问题”所在

这是让所有参与人员形成共识前的努力阶段，只有同心协力的团队，才能

贡献各自的智慧与经验，使团队解决问题的能力大幅提升。

为了达到以上的A与B目标，我们需要一个客观的辅助工具，帮助我们快速地找出真正的问题，这个工具就是4P思考法。

在界定问题的第一步骤——画出情境结构图中的三阶段图像，也就是“起点/序幕→酝酿与扩大的过程→R1或R2结果”中，R1代表“不想要的结果”（如商品年度营业收入下滑15%），R2代表“想要的结果”（如商品年度营业收入增加12%）。当R1不等于R2时，就产生了落差（gap），也就是问题所在。简单地说，当企业的现状（目前的状态）与应有的景象之间产生落差，就是问题所在的位置。

有了4P思考法，可以让问题浮现出来，进而窥见问题的全貌并掌握问题。

4P思考法的原理，是运用四个轴向的确认——目的、时间、空间与立场，来厘清问题。

图 3.3.2 日本的4P思考法

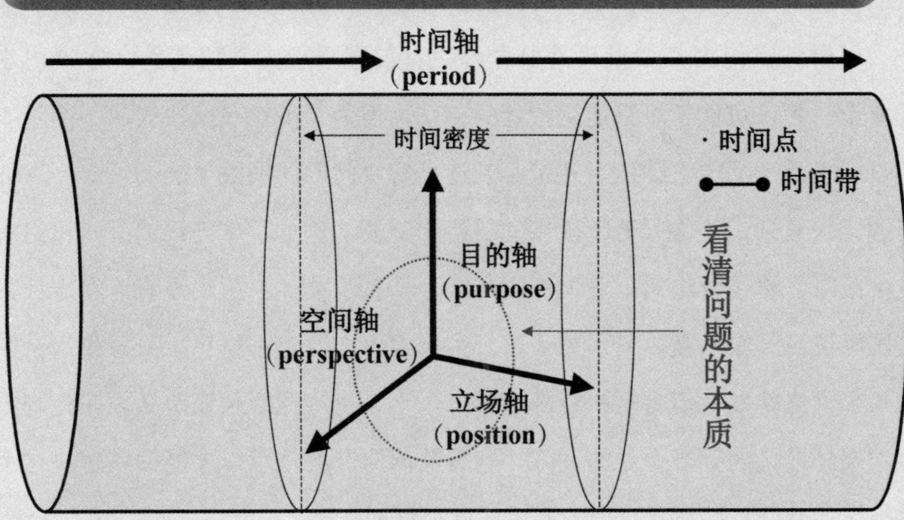

（短期规划=3个月~2年，中期规划=3~5年，长期规划= 5 年以上）

① 目的轴（purpose）

这是解释“为什么如此做”的理由，也就是我们常说的做一件事的动机、出发点或事情的原委，通常经由目的面的检视，可以让我们了解特定事件（采取行动）背后的“意图”为何。例如，在市场调查分析报告中的“前言”：“为维系本商品的品牌形象，了解与检视竞争品牌的动态，故实施本年度的保养品品牌形象实态调查。”

“目的”也是一种信念，除了要充分理解其中的含义外，也要注意不要鸠占鹊巢，将运用的手段或工具当成一种目的，这种情形最容易发生在例行性的工作上。例如，企业每个月实施的库存盘点，尽管具有财务报表上的意义，库存增加代表企业的获利减少，但绝不是为盘点而盘点的一种形式化动作；如果能加强员工在这方面的认知，让各相关部门的人员能联手将库存控制在适当的水平，这就是目的轴的确认。

② 时间轴（period）

想解决问题，牵涉到你要由哪个时间点来看待这个问题，这牵涉两个要素：时间点与时间带的长短，这都会影响你对问题的理解程度。

以时间点而言，如果只是要先解决目前浮现出的表象问题——浮出水面的冰山一角，可能暂时只能用治标的方法，但为了能彻底解决表象下的基本原因——水面下的庞大冰山，还是必须订出解决问题的期限（deadline）。如果问题比较复杂，还必须分阶段性的日程来解决。例如，生产线的某一机组突然发生故障，检视机组后，发现美国产的一个轴承损坏；由于没有库存零件，跟美国联络已经来不及，又不想让整个生产线停产，迫不得已，只好先拿台制的轴承零件来换装；但台制的零件不耐用，于是生产线组长还是必须在台制零件再次损坏前，例如一个月的期限，取得美国原产的轴承，才能彻底解决这个零件损坏的问题，并建立合理的零组件库存管理制度。

时间带则可用政府与企业的策略规划为例做说明，这是企业对于“时间密度”的掌握与执行的日程安排，通常短期规划可为3个月～2年，中期规划通常以3～5年的期限为主，长期规划则是5年以上，不同期限的策略规划所需解决的问题不同，所要掌握的重点也不同。例如，目前成为话题的中国“十二五规划”，意思是“2011～2015年的第十二个五年规划”，全名是“中华人民共和国国民经济和社会发展第十二个五年规划纲要”，是以5年的长度作为一个时段。这套五年经济发展计划开始于20世纪50年代，主要是针对中国的重大建设项目、生产力分布、消费服务结构等，占国民经济的比例关系预先做出规划调整，以设定未来经济发展的目标与方向。

因此，解决问题要着眼于用什么时间点与时长来看待问题，这就是对时间轴的认识与掌握。

③ 空间轴（perspective）

perspective的英文原意为透视图，引申为看事情的较广视野（广度），由于看待问题的焦距不同，所看到的问题也会不一样。我们应该由远而近，从望远镜的低倍数换到高倍数，来发现潜藏在其中的问题与危险。

当我们能以宏观的角度看问题，就愈能看清问题的面貌。例如，2008年9月从美国华尔街开始蔓延的全球金融风暴，其实就是起源于美国次级房贷的问题。银行先借钱给中低收入者扩张信用，这些人再将钱投入房地产，当有一天房地产泡沫化后，这些中低收入者由于付不出房贷，房屋面临被银行依法拍卖的命运，造成房地产崩盘的恶性循环，而由银行推销的连动债，由于与房地产标的做联结，也跟着泡沫化……当你知道这样的事实后，你就会知道采取宽松的货币政策挹注资金到资本市场是多么重要了。

④ 立场轴（position）

在项目管理中，由跨部门的人员组成的团队，可能因为职位的阶层不同或存在利害关系，导致观察与掌握问题的角度也不相同。本来单纯的一个问题有可能变得很复杂，导致进度停滞不前。这就牵涉到用什么立场来思考的问题，而整合者（计划负责人）担负了很重要的角色，因为只有整合者才了解计划的整体轮廓，他掌握的是“面”，其他人只能看到自己的那部分。

以上的4P并非各自独立，而是会相互牵制与影响，例如，只要目的轴一改变，就会连带影响到后面的时间轴、空间轴与立场轴；同样的，当立场轴改变，也会影响到时间轴与空间轴。因此，我们在厘清问题时，必须先将这四个方面搞清楚，才能对问题做出正确的认识与描述。

2. 从问题的情境构思解决对策的思考法

不论是在日常生活或工作的职场中，我们都会遇到一些需要解决的问题，而问题的发现，是我们思考与综合判断做出的决定，并提出“这就是一个问题”的观点。当然，你必须先发现问题，才能思考解决对策进行处理，这是关键所在，如果你一直都没发现问题，就会产生两种结果。

① 最后还是发现问题，但是处理上变得更加棘手或完全无法处理，这是因为问题的累积（量变）所导致的变化（质变）。

② 一直都没发现真正的问题，导致异常现象与结果不断出现；或是在一切正常的假象下，问题最后引爆，并拖垮了整个企业或国家。如2008年由美国的次级房贷问题所引发的全球金融风暴，就属于典型案例。

因此，我们必须先有问题的“意识”（consciousness），才能警觉侦测到一些外在或潜伏的问题，而意识来自于我们对周遭的自然界或人工环境下的现象、数字、状态等的平衡感受。通过观察事物的敏感度，有时，我们会产生一种“怎么看，就是不对劲”的质疑。我们会这样想，代表我们掌握问题产生的两个先决条件：“应有状态”（目标）与“实际状态”（现状/实绩）。它们之间的差距（gap），就是“问题”所在，我们必须运用解决方案来处理。

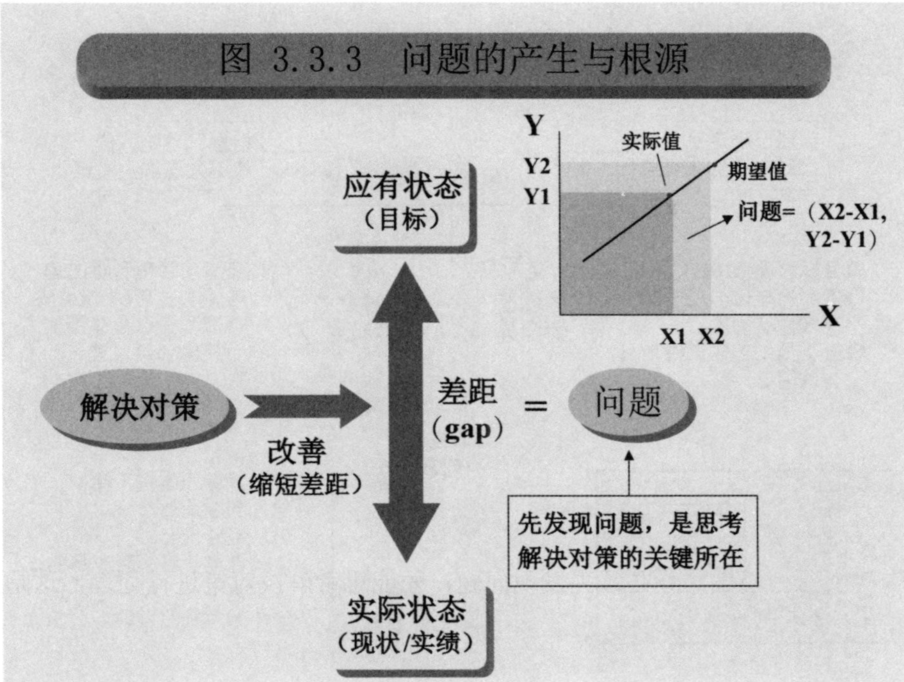

◎三种情境与解决方法

如果我们将问题分为“问题已确定”与“问题还不确定”两种形态，解决对策也分为“已经知道解决对策”与“还不知道解决对策”两种情况，将它们以表格来划分，就可得出三种不同的情境（另外一种“问题还不确定，但已经知道解决对策”的情境并不存在）。每一种情境都有相对应的解决方法。

A. “问题已确定”与“已经知道解决对策”

这是一种显性的问题，也属于管理层次的问题，有时我们看一眼就能知道如何解决，但是问题还是发生。为什么会这样？原因可能是有些事情“该做而没做”或“该管而没管”所导致。如果再深入探究，可能与企业内部的领导与士气低落有关，也就是管理上出现了问题——螺丝已经松脱。解决方法就是再度上紧螺丝，通过企业的目标管理[MBO（Management by Objective）]，落实标准化与公平的绩效考核制度，给予员工工作上的动机与诱因，以激励士气，

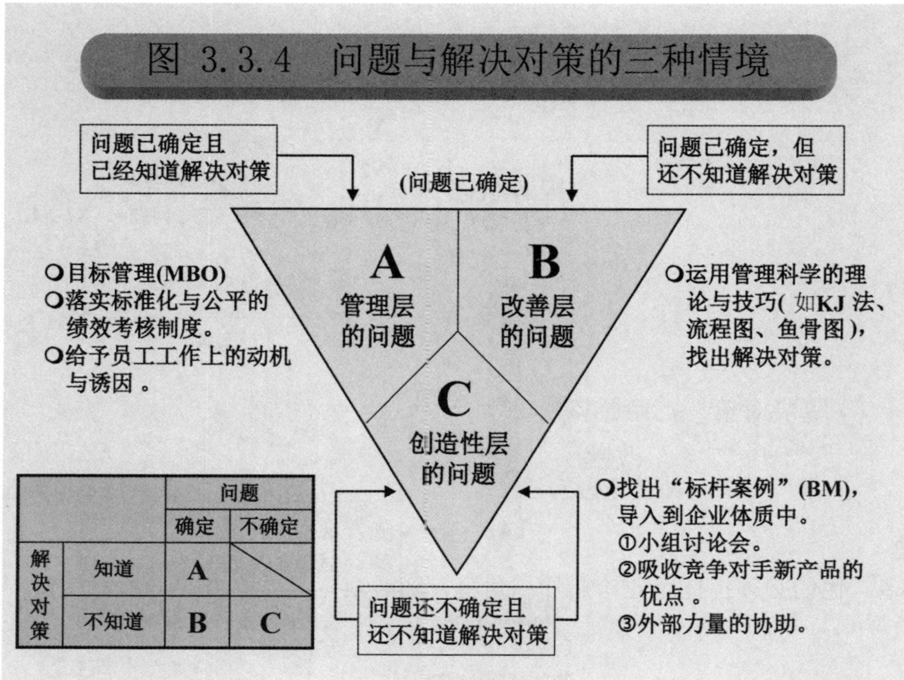

图 3.3.4 问题与解决对策的三种情境

让员工可以发挥潜力，达成目标，并充满成就感。一段期间后，当管理走上了轨道，类似情况的问题就会逐渐减少。

B. “问题已确定”与“还不知道解决对策”

这是一种潜在性的改善层次的问题。解决方法是运用管理科学的理论与技巧，例如KJ法、流程图、鱼骨图、5W2H法等，找出解决对策，并拟订具体的改善计划。

C. “问题还不确定”与“还不知道解决对策”

这也是一种潜在性的问题，但属于创造性层次的领域。解决的方法是找出“标杆案例”[BM（Bench Mark）]，导入到企业体质中，以强化企业的竞争力。有以下的三种方法可达到此目的。

① 小组讨论会

通过小组成员的讨论与头脑风暴，对企业各部门提出流程改善建议，通常小组成员是由高层经理指派，以任务编组的方式进行研究与讨论。

② 吸收竞争对手新产品的优点

购买竞争对手的新产品，运用分解技法，对新产品的各个组成部分（如材质、零件）进行分析，吸收优点转移到自身的产品上，并持续对制造、物流等流程进行改善，以强化产品的市场竞争力。

③ 外部力量的协助

最常见的是由企业顾问提出建言或是聘请外部的企管咨询公司两种方式，来对企业进行诊断。此外，阅读相关书籍与资料、参加相关的企管课程或到相关企业参观访问等，也是获得灵感并改善企业体质的方法。

通常职位愈高的企业经理（如总经理、执行长），面临这种问题的机会也愈多。他们必须担任企业诊断师的角色，随时察觉异状，并立即检讨改进，以提升企业的竞争力与存活率。

3. 可分析敌我竞争情境的SWOT分析表

SWOT分析表是优势（strength）、劣势（weakness）、机会（opportunity）与威胁（threat）四个英文单词的首字母连写，前面的优势与劣势代表企业的内部环境，后面的机会与威胁则代表企业的外部环境，将以上代表企业内部与外部环境的4个有利/不利因素，依照顺序排列，可做出一张3×3的表格，如下表所示。

	有利因素	不利因素
内部环境	○优势（strength）	○劣势（weakness）
外部环境	○机会（opportunity）	○威胁（threat）

接着将分析后的结果填入相对应的方格中，重要的因素排在前面，完成后

的表格就是企业经常运用的一种整合分析工具。它是由美国旧金山大学的卫里克（H.Weihrich）教授于20世纪80年代初提出，由于方便好用的特性，随后即在企业间得到运用并广为流传。

表格中的优势（S）说明的是企业内部因素的优点，通常指企业拥有的领先竞争对手的能力或对手不具备的资源（如面板产品的研发能力强）；而劣势（W）指企业所缺少或做得不好的层面（如产品物流太慢，导致客户投诉）；机会（O）是对企业的营运有帮助的外部环境因素（如节能减碳的潮流与政府的补助措施促使LED灯泡的销售量明显增加）；而威胁（T）则是对企业的营运构成阻碍的外部环境因素（如油价上涨，导致新车销售不佳）。这套SWOT分析表不仅已在产品营销策略与企业经营策略分析上得到广泛运用，也成为企管顾问公司帮企业进行诊断时，所采用的策略分析工具。同时，它的应用层面也不限于企业，人生中的个人生涯规划与家庭面对的问题也都能加以运用。

有时候，我们要先进行数据收集，对相关信息进一步确认后，才能将这些信息填入SWOT分析表。在企业中，有时还需要跨部门合作，才能完成这份表格；接下来，我们依据SWOT四个方格中的说明，经过整体的考虑与分析后，做出“待解决课题”与“解决对策”的分析。

如果信息不够，不足以填满SWOT分析表中的四个方格，这时，只要用简单的“问题点”与“机会点”的两栏式说明即可，如下表所示。

问题点	机会点

虽然SWOT分析表具有方便好用与结构化的优点，但也有它的缺点。由于产业环境一直在变化，而SWOT分析表属于一种短期性的静态分析，无法提供企业在制定中长期战略所需的信息，这点较为不足，但它在企业经营与个人生活中

仍不失为一个适用的分析工具。

【生活应用范例】

生涯规划的SWOT分析表

数年前，离开上班的公司后，我想从事写作。这是在当上班族的时候就有的念头，加上我非常喜欢图解与绘制图解的兴趣，以及我向来喜欢研究、追求事实、擅写分析类文章的个性，我想到了可以写图解类的商业书籍，并形成与其他作家的区别。对出版社而言，也可以减少编辑与美编的作业成本。这样的分析，好像言之成理。不过，为了让思考更清晰，当时我还是做了一张个人生涯规划的“个人竞争力盘点”的SWOT分析表。从这张分析表中，我更加坚定了自己从事图解书写作的决心，并以“图解书作家”的定位切入市场。一直到今天，我认为当初在SWOT分析表中，所采取的策略是正确的。以下是我当时所做的SWOT分析图表。

图 3.3.4　从事写作事业的个人生涯规划SWOT分析

	有利点	不利点
自我能力分析	**Strength** ☞对写作有高度的兴趣。 ☞具备专业背景与分析事物的头脑。 ☞重视细节与事实的追求。 ☞擅长将文字转化为图表，并具备美编能力。 ☞台湾少见的二合一作家。(文章撰写+图解绘制)	**Weakness** ☞书籍作者不具备高知名度。 ☞不同于小说等软性的文章，投入讲究硬实力的商业类书籍市场，成绩有待考验。 ☞图解类书籍的写作无法像文字类书籍可以大量生产，只能以高质量取胜。
外部环境分析	**Opportunity** ☞图解类书籍的市场需求正逐渐崛起。 ☞此类书籍多为翻译出版，少见国内创作者出现。 ☞知识经济时代来临，市场对具说故事能力的商业类作家的需求殷切。	**Threat** ☞大环境不佳，阅读人口流失，导致出版市场不景气。 ☞一窝蜂的出版风气，导致市场出现劣币驱逐良币的现象。 ☞原物料高涨，导致书籍制作成本增加，售价也提升，读者买书也会再三考虑。 ☞网络的方便性，对实体书籍的销售形成一定程度的威胁。

待解决课题

1. 从事哪一类书籍的写作？
2. 以何种定位切入市场？

解决对策

1. 从事商业类图解书籍的写作。
2. 以“台湾图解书作家”作为自我定位。

◎联想——SWOT联合分析矩阵

SWOT联合分析矩阵是SWOT分析表的升级版，它有五个作业流程。

（1）产业环境因素分析

对企业所在的产业领域的内部与外部环境因素加以分析，内部环境因素有优势与劣势，属主观因素，外部环境因素有有利因素与不利因素，属客观因素。

（2）找出产业的关键成功因素（key success factors）

从产业特性与整个价值链的每个环节上，将企业与竞争者做详细的比对分析。

（3）找出产业的机会与威胁因素

运用麦可·波特（Michael E. Porter）的五力模型（Five Force Model），找出来自消费者、竞争者、供货商、潜在进入者与替代品等五个层面的威胁因素，并寻找机会以消除或减弱威胁的不利影响。

（4）分析企业与竞争者在产业中的优劣势

从“优劣势比较分析表”找出超越竞争者的最佳方法（途径）。

（5）SWOT联合分析矩阵

将SWOT因素填入联合分析表加以分析，共有四种情境战略可以选择。

S-O战略、W-O战略、S-T战略与W-T战略，原则是尽量发挥企业的竞争优势因素（S）以克服劣势因素（W），善加运用机会因素（O）来化解威胁因素（T）。

	S	W
O	S-O	W-O
T	S-T	W-T

要采取以上哪一种战略视当时的实际情况而定。

4. 直指问题成因的鱼骨图（fishbone diagram）法

为了解决企业面临的问题，职场上班族常常需要参加各种大小不同的会议，集思广益，想出解决问题的方法，再依权责所在，赋予每个与会成员应完成的工作与期限。开会时，每个人或多或少都有些想法。这些想法留存在每个人的脑海中，还没有经过整合串联。这时，可运用“鱼骨图”来进行整合，思考问题形成的原因，这是一种收敛式思考法。它是一张横躺的因果关系图。首先将企业需要解决或改善的问题，也就是主题（如公司的美发产品在2010年的业绩降了20%），放在最右边的位置，当成鱼头，并划出一条连接鱼头的横线，成为脊骨；从这条脊骨开始，发展出问题的来源，也就是原因/理由；将这些不同性质的项目（原因），依逻辑概念、因果关系与概括的技巧加以分类，运用鱼骨的分支概念与箭头或线条符号，将主要原因（鱼大骨）、次要原因（鱼中骨）、细项原因（鱼小骨）等加以填充排列，形成一套层级架构图。因为它的形状很像一条去了肉的鱼骨头，所以被取名为“鱼骨图”。它是在1953年由日本的品质管理大师，也是前东京大学工程学教授石川馨（Kaoru Ishikawa，1915～1989）博士提出的，所以又称为“石川图”（Ishikawa diagram）。再因为它属于一种具因果关系的图解，也称为“因果图”或“特性要因图”（cause-and-effect diagram）。它的优点是运用可视化的图形取代一大堆的文字陈述，让人容易在这个沟通的平台上，快速理解问题发生的原因与其中的关系，减少共同讨论的时间，以获得共识。

◎ 鱼骨图的做法与步骤

“鱼骨图”是一种系统性的思考与分类法，做法是在问题确定的方向下，与会成员进行头脑风暴，将原因找出来，并找出彼此的关联性，将同构型的原因归类在同一个群组，再往上一层形成主题，如此循环进行，最后就可以概括得出几个主要原因（鱼大骨）。它有以下5个步骤：

① 画出鱼头与鱼脊

问题或某一特定现象的文字叙述可写在右边当作鱼头，再画一条连接鱼头的横线当作脊骨，问题或现象的说明要明确简洁，让人容易理解；鱼的脊骨则是接下来要发展原因的大支架，所有形成问题的原因都依附在这条鱼脊上。

② 找出问题的原因

运用头脑风暴法，找出发生问题的可能成因，只要一位与会成员认为某个原因可能存在，就先写下来，尽可能地收集大家的想法，再经过讨论后，就可将真正的原因确定下来。

③ 将原因归纳整理

运用归纳法与“彼此独立，互无遗漏”的原则，对原因进行归类与组织，依因果关系分为主要原因、次要原因、细项原因等不同的群组，注意同一群组中的项目（原因）都要具有相同构建类型，分类好不好会影响到解决问题的成败。

④ 将分类好的原因标示在鱼骨上

将主要原因、次要原因、局部原因等不同的群组，依序标示在连接脊骨的“鱼大骨”“鱼中骨”“鱼小骨”上，并以箭号或线条连接到对应的“鱼骨”，最后再检查一遍是否有重复或不合理的地方，如果有必要，就要进行调整。

有时候，构成“鱼大骨”的主要原因有现成的模式可供参考，例如牵涉到产品质量问题的原因，可以先分成四个M来分析，也就是Men（人）、Machine（机械）、Material（材料）与Method（方法）四大类。如果是“人”的因素，就要往下讨论“训练与经验是否足够？”“对公司的向心力如何？”等why的问题；如果是牵涉到与人力资源（HR）的工作内容相关的问题，可以先分成规划、组织、控制与沟通等四大层面来进行分析。

在制作鱼骨图的过程中，你会很期待最后完成的鱼骨图会长得美美的，都有分布差不多的“鱼大骨”“鱼中骨”“鱼小骨”等结构，但在实务上，有时是呈现分布不平均的状态，有的“鱼大骨”分支比较少，有的又比较多，这时千万不要为了美化这条“鱼”的图形，故意在“鱼骨”上添加或减少某些原因，只要依照事实与逻辑认定即可。

图 3.3.5 鱼骨图法的构造

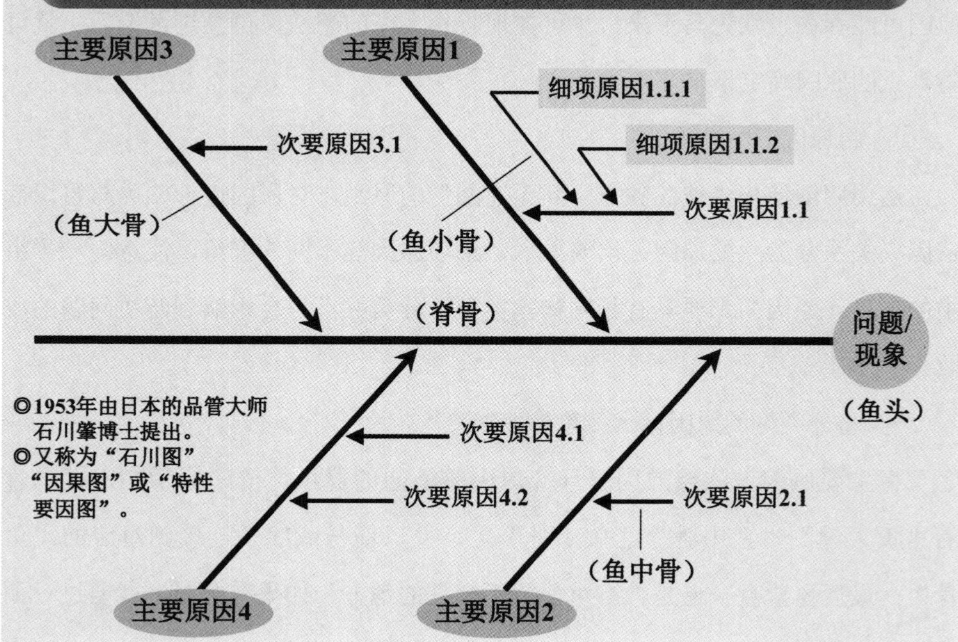

◎ 鱼骨图的运用关键

“鱼骨图”运用的关键在于问对问题（界定问题）与对项目（原因）做适当的过滤与分类。如果“鱼大骨”太多（主要原因），下面又细分成很多小项，当整张图看起来密密麻麻的时候，就抓不到重点，分析上就变得很困难。因此，我们必须依重要性、关联性与周延性的原则，来适度地过滤所要放进来的项目（原因）。其次，是恰当的群组分类，这就考验概括与推理能力，好的分类可让我们一眼看出其中的脉络与逻辑性，提高成功说服别人的概率。反之，如果分类不适当，很容易发生跳跃式思考的情形，导致前后的说法不一致。

其实，讲白一点，“鱼骨图”就是一种构成要素型的树形图（tree diagram），也是一种流程图（flow chart）的概念，三者是一体的两面。

（见P131流程图法与P162树形图法）

◎ 发展解决方案

如果问题比较复杂，为了让鱼头的问题更容易受到关注，也让整条鱼不要看起来很庞大、很复杂，有两个方法。一个是缩小问题的范围，让问题更加明确集中，如“2011年如何提升化妆品销售额15%，以提升公司整体获利30%”较“改善公司经营绩效”来得明确，并具有方向感。另一个方法是画出两张以上的“鱼骨图”，其中一张是总图，叙述问题下面所牵涉到的不同层面（如生产面、营销面）的原因，每个层面再画出相关的“鱼骨图”出来。当问题发生的原因都厘清后，接着就是针对不同层级、不同性质的原因，提出相关的解决方案/对策。如果某一“鱼大骨”（主要原因）的“鱼刺”分支特别多，表示这可能是问题的关键原因，再从这个关键原因下面的次要原因（鱼中骨）中，寻找并锁定重大的亟待改善或解决的项目（原因）等到这些层面的关键原因都解决后，总图的问题也就跟着解决掉一大部分，这就是层级解决法。

◎联想——鱼骨图与错误树分析

有一种和“鱼骨图”相当类似的分析方法，就是“错误树”（Fault Tree）分析，这是一种开始于20世纪60年代的估算风险的分析方法。例如估计核能发电的安全性研究，原理是尽可能掌握所有可能发生风险的项目，并分析整体系统在运作上的潜在错误结果。其中的过程可由手绘或运用计算机模式计算出结果，并分析与此有连带关系的风险；做法上是先定义一个称为“最高事件”的出发点，然后从上而下依序发展出所有可能发生原因的分支系统，并以“○”代表基本事件，以“◇”代表不会连续发展的事件，再运用“和”（and）、“或”（or）与“不是”（not）等参数设定的“波氏逻辑”与一系列事件的链接结果，作为“错误树”的处理规则与逻辑架构，最后计算出所有事件的发生概率。而具有最高发生概率的事件，也就代表了最高的风险，必须想办法优先予以排除。

◎联想——鱼骨图法与KJ法、金字塔结构法的比较

看到这里，我们已经知道鱼骨图法的原理与制作技巧，现在回想一下我们在前面讲过的KJ法与金字塔结构法的形成概念，是不是有几分类似？

KJ法是在一大堆资料中，将相同构建类型的数据集合起来，成为一个一个群组，并分别给予群组一个名称（主题）与说明内容；接着，再将类似的群组集中，往上形成新的名称与说明内容，如此重复做下去，就可以归纳出结论。同理，金字塔结构法是从最底层的事实与资料出发，不断运用概括、分类与MECE的技巧，最后抵达最顶端的结论/主张，与KJ法的原理相通。它们与鱼骨图不同的地方在于，鱼骨图是先确定好问题或特定现象的描述，再下去找问题的原因，并将原因依关联性与因果关系加以分类，再画在鱼骨图上，重点在分类。而KJ法与金字塔结构法是针对未知的结论做推断，从一堆事实、资料与现象中，运用归纳与MECE原理，找出结论，事前并不知道最后会得出什么结论，重点在于推断的技巧（分类是其中一种技巧），难度较鱼骨图法来得高。（见P21金字塔结构法与P44KJ法）

图 3.3.6 鱼骨图法与金字塔结构法、KJ法的比较

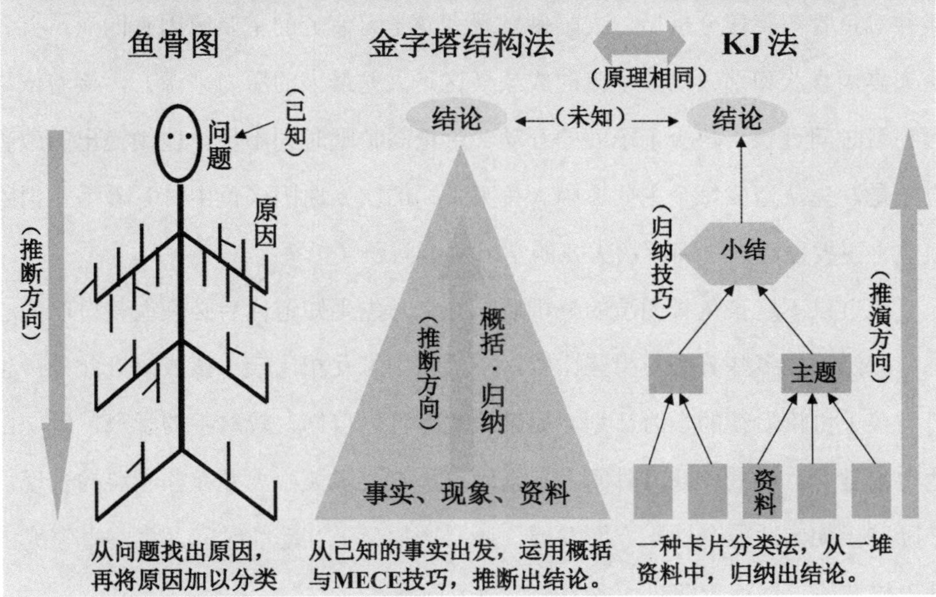

【生活应用范例】

静宜用鱼骨图法找出大龙的学习疲劳问题

静宜是家庭主妇，丈夫在民营公司担任工程师，有两个分别上初中与小学的孩子。今年正在念初中二年级的大龙，除了学校课业外，放学后还要去补习。静宜与丈夫让大龙这样做，都是为大龙好，让大龙不要输在竞争的起跑线上，将书念好，考试也考好，将来就一定会有好的工作与前途。他们自己当初也是这样熬过来的。

最近静宜发现大龙每晚从补习班回家总是无精打采的，显得很疲累，对任何事情都提不起兴趣，念书也有气无力。经与丈夫商量后，他们决定一起找大龙聊聊。为了客观起见，夫妻俩决定以鱼骨图法找出大龙学习疲劳的原因，并谋求改进。

于是静宜从鱼头开始，也就是问题所在——大龙学习疲劳，先找出主要原因（鱼大骨），再找出次要原因（鱼中骨），以此顺序分析下去。在与大龙长谈并对鱼骨图整理分析后，夫妻俩发现大龙学习疲劳的主要原因有四点：首先是夫妻俩喜欢和别人比较小孩的成绩（这是大龙最大的压力来源），接着依次为补习时间过长、缺少亲子间的互动、讨论与睡眠时间不足。他俩提出的改善方法是，先从造成每个主要原因（鱼大骨）的次要原因（鱼中骨）着手，消除或改善主要原因，进而解决大龙的学习疲劳问题（鱼头）。

经过以下这张鱼骨图法的分析后，静宜与先生知道往后必须调整自己的心态与做法。如多些关心与少些比较，不要和别家互相比较小孩成绩。此外，也可与孩子讨论后续的学习计划，如果大龙有可以自修、较拿手的学科，就交由他自主学习，以减少补习时间。夫妻俩也决定要多关心大龙在非学科的表现，鼓励孩子朝向适应个性化方面发展，还要增加亲子互动的时间，多举办家庭的外出旅游等，以逐步解决大龙的学习疲劳问题。

图3.3.7　鱼骨图法找出大龙学习疲劳问题

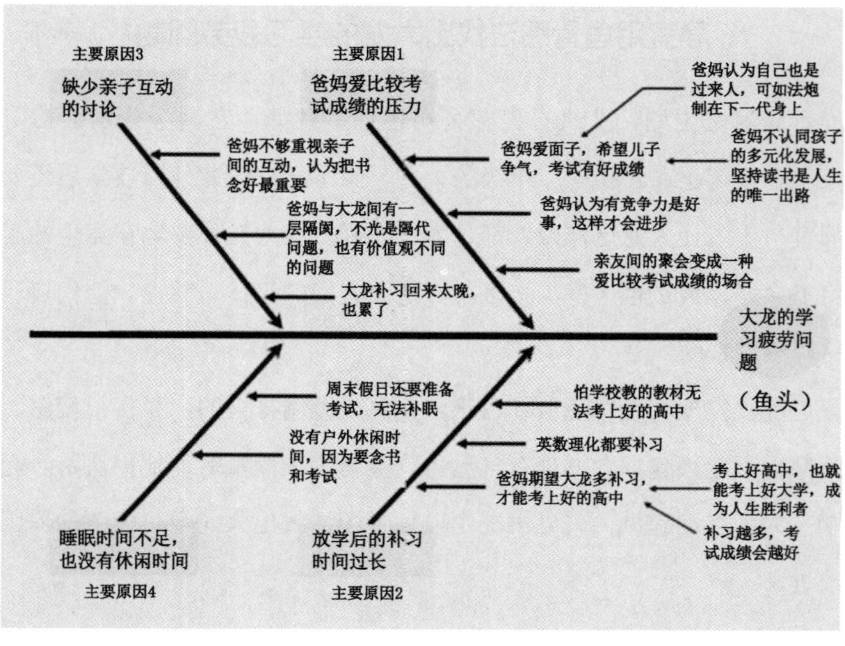

5. 可了解工作顺序、进度或整体结构的流程图法

我们可能以为流程图（flow chart）没什么了不起，顶多就是几个方框再加几个箭头就大功告成，不过，其中还是有一些学问。因为流程图可说是所有图解法中包罗最广、却又让人容易搞混的一种图形思考法。顾名思义，流程（process）就是工作的顺序、步骤与方法的说明，是一种指导工作程序如何进行的指南。它包括两要素：一是内含文字的图框符号，通常以圆形、椭圆形或方形等外框表示，代表事件、现象或工作项目的“对象”（object）；另一是表示方向性的箭头符号，它串联所有对象，代表流程运行的方向与路径。流程图就是由这两个要素组合而成的。它的优点是可以掌握整体的状况，了解整体结构与前后关系，取代以文字说明、偏重于各点（细节）理解的长篇大论。

1947～1948年间，计算机还没发明的年代，约翰·冯纽曼（John Von Neumann）就提出一种软件程序语言的设计图解，这是流程图的起源。历经数十年的发展，流程图的运用已日益广泛，普及工程界与商业界，并发展出不同的变形与分身。之后的1995年，全球商业界掀起企业流程再造[BPR（Business Process Reengineering）]的风潮，它是一个全面改善工作流程的创新活动，将庞杂的工作流程重新设计，发展出一套可具体评估绩效的工作程序，作为改善企业营运绩效的依据，在活动过程中，企业也编写或更新了大量的、内含流程图图解的“工作说明书”与“标准作业流程手册”，将工作的执行过程定义得更加明确具体。近几年的企业“组织再造”（restructuring）等相关课题，工作流程的改善也是其中一个重点项目。

我们在家庭或生活中所使用的流程图，不太需要用到很复杂的流程规划工具，只要运用最基本的流程图即可解决一般的日常事务，但还是有几个使用技巧需要注意。

首先是要厘清问题所在，了解问题的本质，有时眼前所看到的现象，不见得是问题所在，背后还有更深层的原因。例如，家里有需要长期照顾的老人。

某日，老人开始出现拒食与暴躁挑衅的行为，并一直持续下去。如果是依照一般的做法，可能是由家人出面安抚了事，但这只能解决一时，无法彻底解决问题，这是因为不了解问题的本质所在。其实，老人表面的情绪性行为，有时来自于长期无法获得子女的重视与真心照护而产生的无力感；时间久了，有的老人会借一些极端的行为想引起家人的重视；如果这招还是无效，有的老人就会产生自暴自弃的念头，认为自己老了就一无是处，严重的话还会得抑郁症。因此，在了解问题的本质后，我们才可以进行第二步骤——定义主题。主题愈具体明确，才能对症下药，对于接下来的流程规划就愈有帮助。在上例中，主题由“在老人发生情绪性问题时加以安抚解决”变成“家人总动员，照护老人的心理与生理需求”的流程规划，后者的主题定义明显较前者更能贴近问题核心。这就是在“事件”发生的背后，我们能摸索出事物发生的“模式”（如次数、频率），并进而摸透模式后面所代表的“结构”（意义/真相），也就是真正的原因或理由。

此外，主题的定义尽量用肯定句，因为肯定句较疑问句更能启动与强化大脑的问题思考能力。第二步，运用树形图排列所有想到的项目，项目之间也必须符合“彼此独立，互无遗漏”的分类原则。接下来，就是绘制一份具有顺序与步骤的作业流程指南（guide book）。

在流程图中，有些事情较为单纯，可以用单线式的流程图加以解决，但有时我们会面临一种情况，例如，流程C要等到流程A与流程B都完成后才能进行。这时流程C就成为流程中的“关键节点”。以准备与烹调一顿5人份的中式晚餐为例，先用树形图罗列准备事项，如图3.3.8所示。

图 3.3.8　烹调中式晚餐树形图

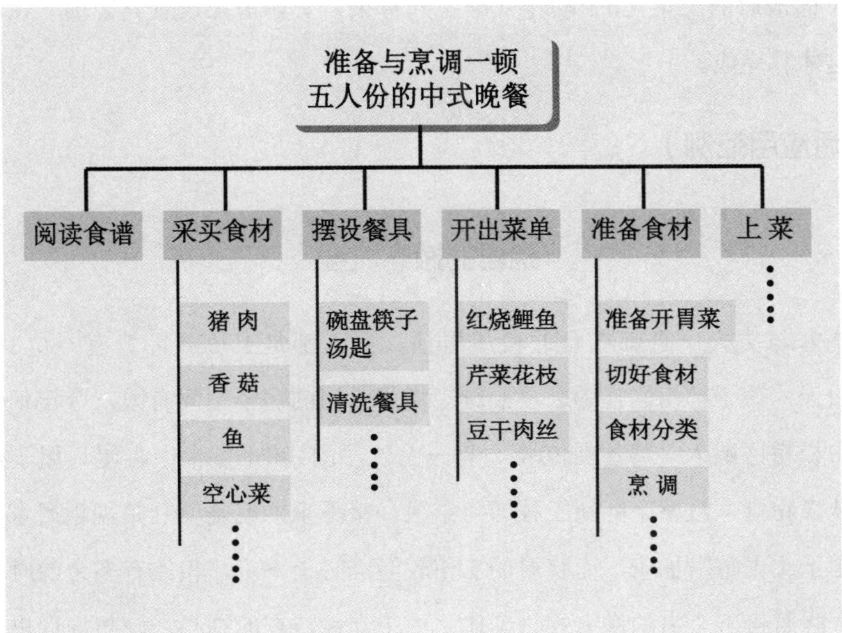

接下来，将以上的树形图转换为一份工作流程图，具有明确的起点、终点与先后顺序的特性，注意每个流程之间的衔接或分流的合理性与工作顺畅度。

图 3.3.9　烹调中式晚餐流程图

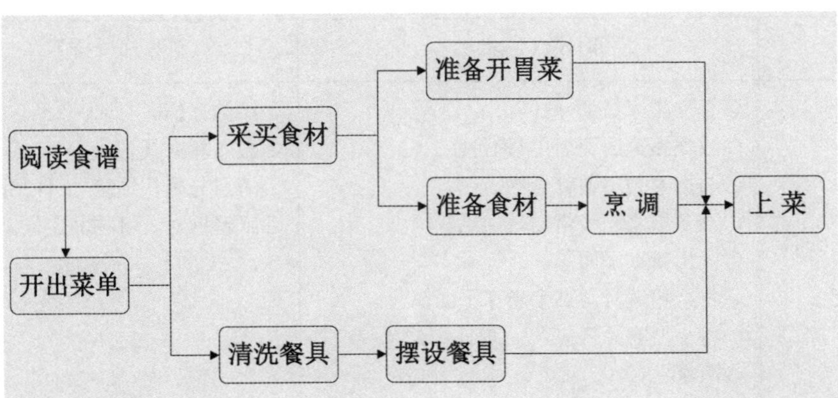

从以上的中式晚餐准备流程图中可知，在开出菜单到上菜之间共有6个过程，而最后的上菜是3个动作（准备开胃菜、烹调与摆设餐具）的一次性到位，这才算完成。

【生活应用范例】

晓君的搬家流程

晓君与丈夫一直都在台北租屋居住，两人都是上班族，育有一位3岁幼儿。白天，孩子都由同住的公婆照顾。考虑承租的房子空间有限，今年他们在新北市板桥区购入一幢屋龄20年、有三室二厅的100平方米中古屋。屋子重新进行装潢粉刷，且整个翻新工程即将结束。接下来，就是要开始规划搬家的事情，由于丈夫常需加班，而晓君的工作较能准时上下班，相比有多余的时间。因此，晓君接下全家的搬家规划工作，由于女性特有的细心，她想规划出这次搬家的一套流程出来。该从哪里着手？她想到搬家牵涉4种不同的主体：屋主（委托人）、搬家公司（被委托人）、旧家（台北）与新家（板桥）。于是，她先运用矩阵思考法做出一个3×3的表格，再将屋主与搬家公司这两个主体在旧家与新家各自应该做的事情记录下来。

	旧家（台北）	新家（板桥）
屋主晓君	○订立搬家日期+时间。 ○收集搬家公司名单+询价。 ○与搬家公司签订合约。 ○准备纸箱、胶带与气泡纸。 ○画出新家平面图。 ○将纸箱编号与贴上新家平面图。 ○将小型物品打包。 ○清垃圾。	○清洁打扫。 ○搬入新家具。 ○清点与确认纸箱+大件物品。 ○纸箱拆封，将物品定位。

搬家公司	○估价。 ○与屋主签订合约。 ○搬运物品上货车（台北→板桥）。	○将纸箱+大型家具放到屋主指定的地方。

接着，她再将完成的这张3×3表格依工作项目的先后顺序予以编号，转换成一张搬家工作流程图，如图3.3.10所示。

图 3.3.10 晓君家搬家工作流程图

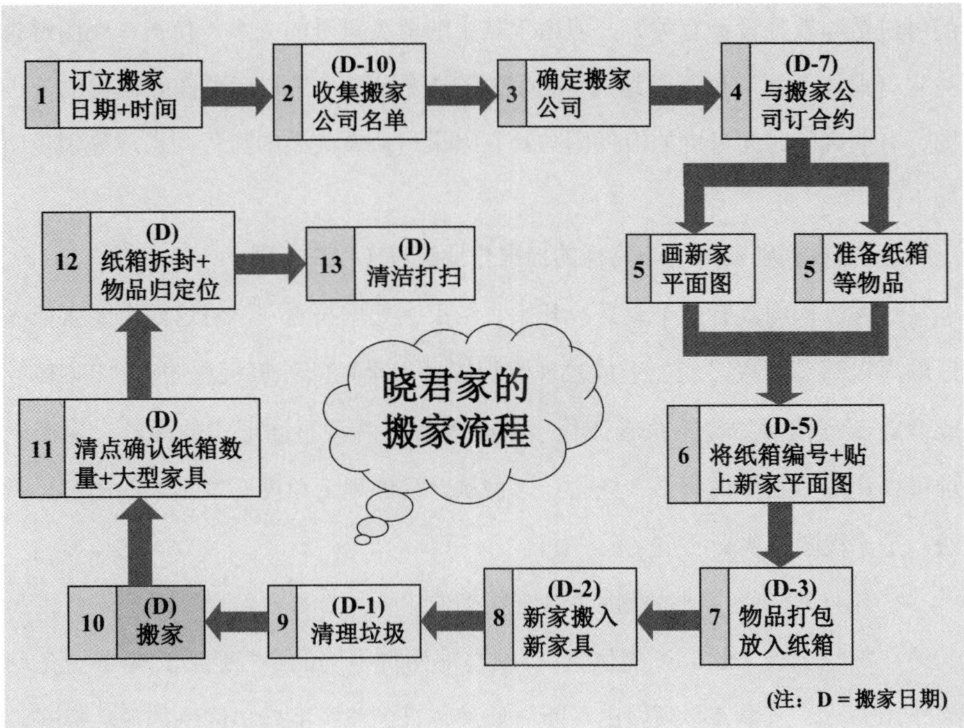

从上图知道，晓君共有13个搬家流程，第10个流程为搬家的执行日期，依此区分为在旧家与新家该做的工作，其中，第6个流程——“将纸箱编号+贴上新家平面图”要等到前面的两个流程“画新家平面图”与“准备纸箱等物品”

同时走完后才能进行。这第6个流程就是“关键节点”。接下来，她就可以依据这张可视化的流程图掌控搬家应该注意的细节。

◎ 流程图的类别

流程图有三大类别，第一类是与计算机软件设计及机械工程有关，第二类是与时间的进展密切相关，在建筑界、工业界、管理界等领域经常看得到，第三类则是与商业界的企划、（会议）报告相关的领域。其实，就“流程”这个名词而言，已点明它的身份其实来自与理工、计划或管理有关的领域（原始的身份是与软件设计有关），但由于其中的箭头符号的关系，使得一些图解也与它有血缘关系。以下是这3种不同形态的流程图：具有标准作业流程的流程图、有明确的时间进度的流程图与具有因果与从属关系的流程图，现分别说明如下：

1. 需要判别Yes或No路径的标准作业流程（SOP）图

这种流程图具有四个要素：开始、结束、处理与判别，将这四个要素依先后顺序以箭头连接，就能形成数理流程图（如早期的计算机程序语言BASIC）或商业流程图（如提案报告流程、采购流程）两种不同形式的图解，属于一种可视化的“工作说明书”概念。这种从严谨的理工角度开发出来的图解思考法，是流程图最狭义的定义。

它有两大特色，一是在图中具有明确的“开始”与“结束”两个端点，另一是在某些节点（node）的位置有Yes与No两种不同的路径选择，形成一条回路（loop），当事人必须做出判断与处理，直到路径能走出回路的循环模式，走完整个流程，抵达“结束”的位置，才算完成任务。而在这样的流程图中，有时会出现不止一条回路。

现在现将这四个要素分别说明如下：

（1）开始——这是整个程序的起点，以方形或椭圆形的start图框表示。

（2）结束——整个程序走完的终点，有两种情况。

① 任务结束

以方形或椭圆形的“end”图框表示。

② 移转至下一个流程

常见的情况是跨部门的合作，例如，企业的采购部门完成订单的确认后，就交由物流部门负责下一阶段的物品运送事宜，这时可用方形或椭圆形的“物流”图框表示进入下一阶段的物流流程。

（3）处理——代表某个阶段要开始“执行”的部分，这一阶段完成后才能继续执行下一个阶段的动作，通常以四边形（方形）来表示。（不先经过A，就无法进入B）

（4）判别——选择Yes或No路径的节点，各有不同的行进路径与处理程序，以菱形表示。

（见图3.3.11）

2. 有明确的时间进度的流程图

当流程图成为计划的进度控制工具，而加入明确的时间因素后，它有了一个新的名称与分身，外观也与前面的标准作业流程图不同。其中，最知名的就是管理界常使用的甘特图、计划评核图与关键路径图，现说明如下。

2.1 甘特图（Gantt Chart）

这是在1917年，由美国的一位机械工程师，也是管理顾问的亨利·甘特（Henry Laurence Gantt，1861～1919）提出的一套可视化的控制类工作计划管理工具，主要功能是管控任务进度或是当成生产在线的生产计划表使用，是一种计划执行过程的预计与实际进度的时序图，对入门者相当好用。

要制作甘特图，要先拉出横轴（水平轴）与纵轴（垂直轴）两条轴线，横轴表示时间，有明确的年月日，纵轴是计划的活动或工作项目，自上而下依先后顺序排列。由这两条轴线所展开形成的象限，就是我们的作业范围，接下来

图 3.3.11 标准作业流程范例——提案演示的大循环流程

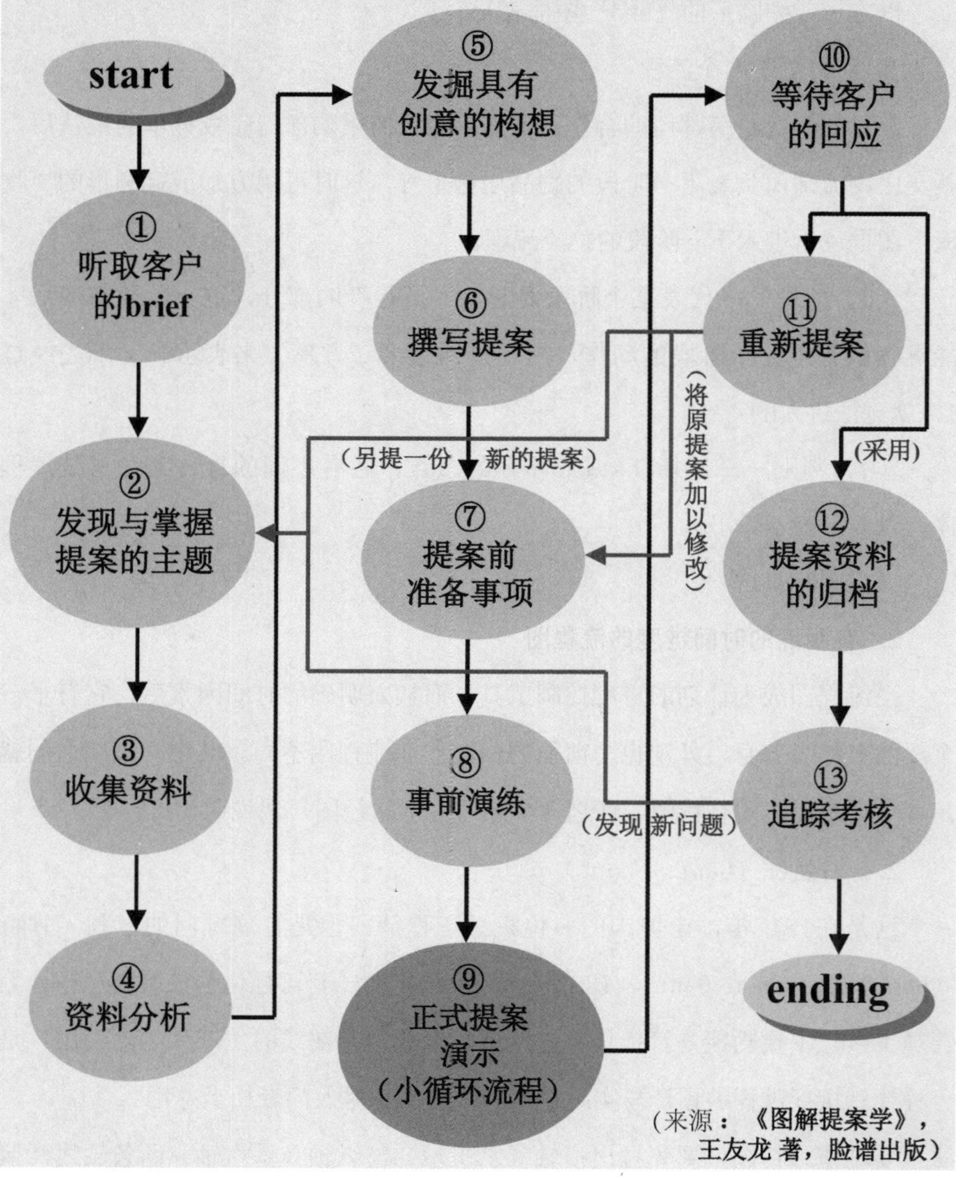

（来源：《图解提案学》，王友龙 著，脸谱出版）

是用两个水平线条标示出某个工作项目的作业进度。水平实线表示实际进度，虚线则表示预计进度，或者也可以用两种不同颜色的线条做区隔，所有线条的长度都与横轴所显示的时间比例成正比。画完后，会看到图中的横线分布区域是由左上方向右下方倾斜。

这样画的好处是不仅能够呈现每一个工作项目的开始与完成时间，也能呈现实际与预计进度的对比与差异，如果发现差异过大，会影响到计划的完成期限，就要做出解决的对策。

通常在项目管理领域所使用的甘特图，较为详细。它多了两条信息：日期概算与资源名称。日期概算有4条数据：预计开始日期、实际开始日期、预计完成日期与实际完成日期。资源名称包括投入的人力、设备、经费等，并以向下的箭头表示前后两个任务互相衔接。无法同时作业，一定要等前面的任务A完成后，才能进行下一阶段的任务B。（见图3.3.12）

图 3.3.12　甘特图范例——项目管理

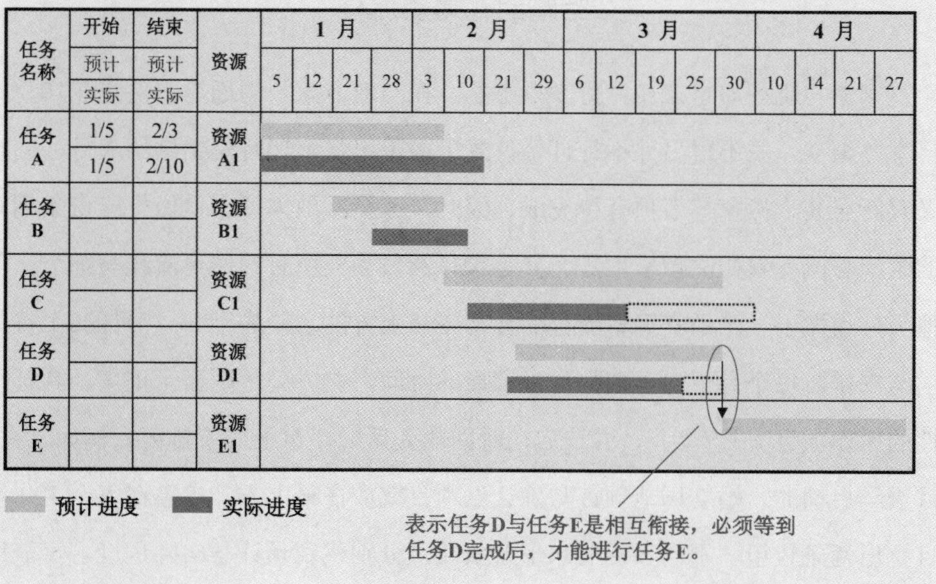

另有一种与甘特图类似的负荷图（load chart）。它是从甘特图修改而来，纵轴上列出所有部门或特定资源的名称（不是甘特图原有的工作活动或项目），方便管理者计划与控制资源。如图3.3.13是说明不同笔订单的进行状况，让人对目前生产在线，正在同时进行的所有任务（订单）的进度一目了然，方便做比较与资源调度。我们也可以将任务名称换成人名，就成为一张员工目前手上的工作进度比较图，可以进行人力资源的调度与管理。例如让闲置人力接受新委派的工作，或是支持其他人的工作，如图3.3.14。

甘特图虽然可以帮助管理者发现工作的实际进度偏离计划的情况，但它的缺点是，无法显示工作项目彼此之间的关系，也无法显示影响工作项目所需时间的关键因素。当情况变得复杂时，如大型工程计划，甘特图就不太能适用。因此，就有以下的网络型（network）计划管理方法——计划评核图与关键路径图的产生。

【生活应用范例】

结婚典礼筹备流程

家豪与晓芬即将在10月份举办婚礼，在与双方家长沟通后，决定在10月28日举办婚宴，并不再另外举行订婚仪式。由于习俗上10月是结婚的大月，同时又有新居装潢搬家等事项有待完成，因此，家豪不敢大意。他做好一份条列式的时间与流程安排注意事项，尤其是10月28日当天所有的迎娶流程与细节。但他另外也做了一张婚宴筹备流程的甘特图，上方的字段显示5～10月的6个月时间与安排，每个月下面再划分为1～4周的时间，左方列位则显示重大、具延续性的工作项目（共7个），并依启动时间的先后顺序自上而下排列。例如，在5月最早启动的“婚宴场地预订与确认”项目就放在最上方，接着在每个工作项目拉出两条较粗、不同颜色的水平条状线，分别代表预计与实际进度。家豪所

图 3.3.13　负荷图范例——订单的进度

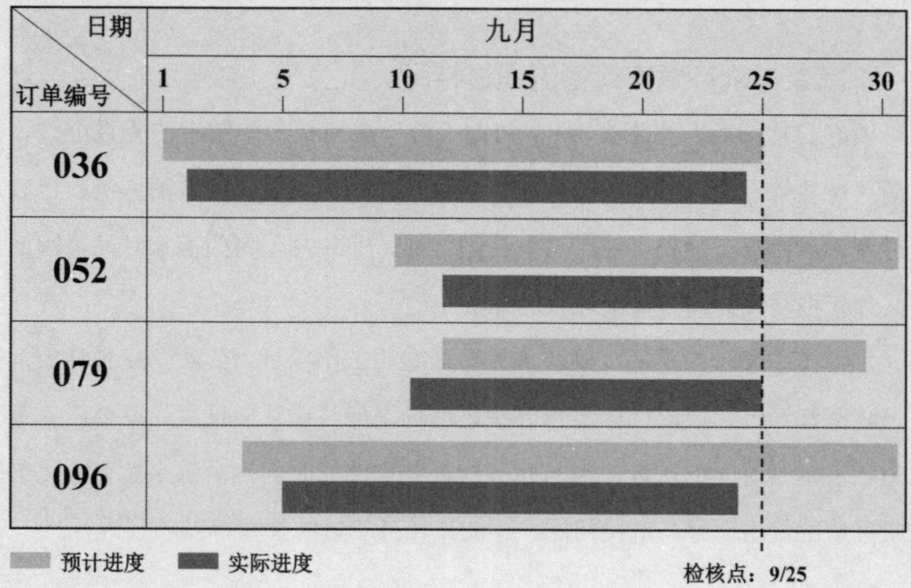

图 3.3.14　负荷图范例——人员工作状况图

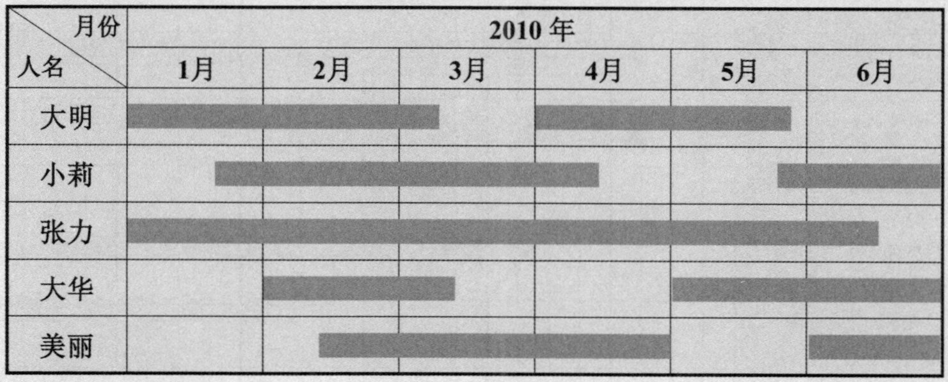

做的甘特图有利于他做可视化的管控与整体资源（人力、物力、资金等）的调度。

◎家豪与晓芬婚宴筹备流程甘特图

做好甘特图后，家豪在8月中旬做了第一次检视，如图中的垂直虚线，发现新居所要铺设的木质地板的规格较为特殊，受到市面上缺料的影响，已较原定进度落后两周。他怕会连带影响在婚宴前，即10月下旬的搬家时间，因此，他必须积极与设计师商量出补救的办法。

甘特图中显示的是从“确认预订”开始的工作项目。其实，在预订前，家豪与晓芬都经过一段时间的名单寻找、现场询问与确认的过程。此外，家豪也知道随着婚宴时间的接近，他与晓芬检视甘特图的时间点会愈来愈密集，必须依实际情况做出调整与解决问题，才能让10月28日的婚宴得以顺利进行。

图 3.3.15　家豪与晓芬婚宴筹备甘特图

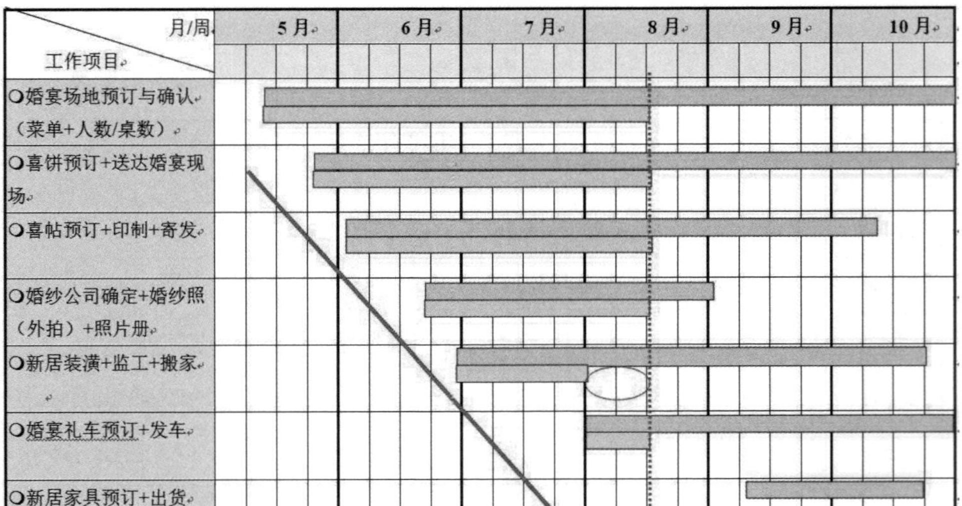

2.2 计划评核图[PERT（Program Evaluation and Review Technique）]

在大型的工程或开发计划中常常会看到计划评核图，它的由来是1958年美国海军为了管理核潜艇的“北极星”弹道飞弹研发计划，而设计出的一套产品时程管制图。由于计划评核图的时间估算原理与2.3关键路径图类似，也有人直接将计划评核图称为关键路径图。

它的使用时机是，如果我们无法精确知道每一个工作项目的开始与结束日期，或所需花费的时间，我们可以依自己的经验判断，使用计划评核图中的三点估算法来概略算出每一个工作项目所需要的时间，再比较每条路径所需花费的时间（总和）。

计划评核图由两个基本要素组成，一个是“事件”（events），以圆圈表示，代表某一个必须完成的特定事项；另一个是“行动”（activities），以箭头表示，代表事件的前进方向，箭头旁边标明所需的工作时间（如小时、天数）。在视觉上，它是一张横向的自左而右展开的图形，你会看到一堆密密麻麻的圆圈与箭头在上面跑来跑去，它共有4个制作步骤。

（1）必须清楚知道的完成计划所需要执行的工作项目（事件）与先后顺序。

（2）将每一个事件依顺序排列，最左边是起点，最右边是计划完成前的最后一个工作项目，中间的大片位置就是安插事件顺序的空间。

（3）计算每一个事件所需要花费的工作时间，方法是掌握三个估计值：乐观时间的估计（optimistic time，以英文字母o表示）、悲观时间的估计（pessimistic time，以英文字母p表示）与最可能的时间估计（most-likely time，以英文字母m表示），再套入Beta分配曲线的公式，就可得出某个事件所需的工作预估时间$E = (o + p + 4m) / 6$，这就是三点估算法的计算方程式，而后将这个算好的数值标注在相关箭头的旁边。我们在图中所看到的数字（工作时间）就是这样算出来的。

（4）从开始到完成的不同路径中，用加法计算出哪一条路径所需要的工作时间最久，这条路径就称为“关键路径”（Critical Path），可用粗线箭头做区别，它的意义是只要超过关键路径的时间，计划就一定会延误，因此，计划评核图的活用重点在于从这条“关键路径”下手，配置较多资源（如人力、经费）加以改善，达到压缩工期的目的。这种方法可以不断循环使用，不断产生新的“关键路径”出来，再加以压缩，直到时间不能压缩为止，那么最后的这条关键路径就宣告确定。

计划评核图不仅能够完整呈现项目的整体轮廓，也是一种“定量”的流程规划技巧，可以让你清楚地知道目标与任务的顺序与相互关系，也能进行时间管理，并通过试算掌控成本与利润，可以说它涵盖的范围较甘特图来得广；而在图形的绘制技巧上，它属于节点式作业表示法（AoN），因为所有的事件名称都位于圆圈的节点上，而不是在箭头的旁边。（见图3.3.16）

图 3.3.16 “计划评核图”范例——办公大楼的建造流程

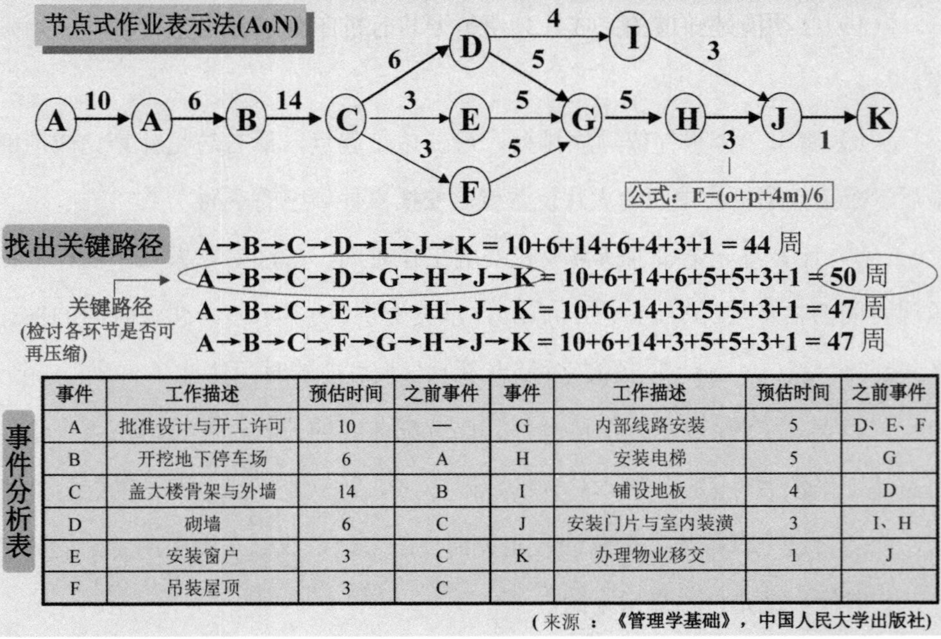

找出关键路径

A→B→C→D→I→J→K = 10+6+14+6+4+3+1 = 44 周

A→B→C→D→G→H→J→K = 10+6+14+6+5+5+3+1 = 50 周

A→B→C→E→G→H→J→K = 10+6+14+3+5+5+3+1 = 47 周

A→B→C→F→G→H→J→K = 10+6+14+3+5+5+3+1 = 47 周

关键路径（检讨各环节是否可再压缩）

事件分析表

事件	工作描述	预估时间	之前事件	事件	工作描述	预估时间	之前事件
A	批准设计与开工许可	10	—	G	内部线路安装	5	D、E、F
B	开挖地下停车场	6	A	H	安装电梯	5	G
C	盖大楼骨架与外墙	14	B	I	铺设地板	4	D
D	砌墙	6	C	J	安装门片与室内装潢	3	I、H
E	安装窗户	3	C	K	办理物业移交	1	J
F	吊装屋顶	3	C				

（来源：《管理学基础》，中国人民大学出版社）

2.3 关键路径图[CPM（Critical Path Method）]

关键路径图是由美国的兰德公司（The Rand Corporation）在1957年替杜邦公司开发的一种计划性管制工具，并运用在1958年的化工厂建造上。其使用时机是，当我们已经确定知道每一个工作项目的开始与结束日期，或所需花费的时间，我们就可以使用关键路径图来规划自己的工作流程，最后再找出一条关键路径。

关键路径图有两种制作方法，现说明如下。

（1）箭线式作业表示法[AoA（Activities on Arrow network）]（见图3.3.17）

外观上，你会在图中看到一堆阿拉伯数字的饼图框，用箭头线串联起来，箭头线旁边还有一个任务名称与说明的表格，这是一种依据“箭线式作业表示法”绘制而成的图形，称为“箭头图”或“箭线图”（arrow diagram），而这种绘制的方法就称为“箭头图法”或“箭线图法”[ADM（Arrow Diagramming Method）]。

做法上，用阿拉伯数字（1、2、3……）的饼图框代表工作流程中必须完成的目标与顺序，而箭头有三种：实线的细线箭头代表工作流程的方向，粗线箭头代表重要的“关键路径”（critical path），花费时间会比较久，但还是能在完成期限前完成，虚线箭头则代表两个目标（有阿拉伯数字的圆形图框）之间，没有需要执行的任务；每一个箭头的旁边除了有相关任务的文字说明（任务名称+作业时间），还会拉出一个2×2的表格，评估每个任务所需的作业时间，进而找出最佳的流程组合，表格中每一方格代表的意义如下：

① 最早开始时间[ES（Earliest Start）]

最快可能开始执行工作的时间点，它是前一个工作项目的“最早开始时间”（ES）与“作业时间”的总和。

② 最晚开始时间[LS（Latest Start）]

图 3.3.17 关键路径图范例——箭线式作业表示法(AoA)

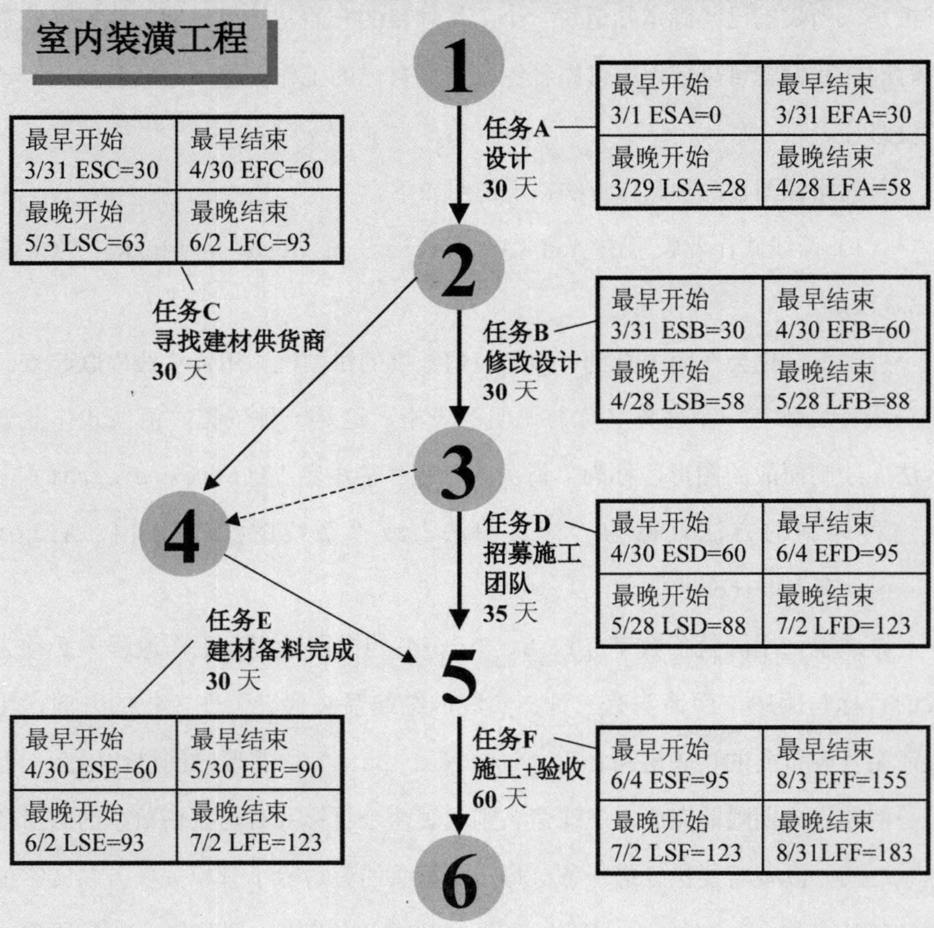

评估结果

依据以上的表格可知，该专案最早可从3/1起开始装潢，最早会在8/3完成；如果要在8/31的期限前完工，最晚必须在3/29开始设计，并在5/28前修改好设计、7/2前招募好施工团队与完成建材的备料，后续的施工才能赶在8/31的期限完成。

(来源 ：《工作，分析了再做》，易博士出版)

最慢必须开始执行工作的时间点，它等于前一个工作项目的“最晚结束时间”（LF）。

③ 最早结束时间[EF（Earliest Finish）]

最快可能完成工作的时间点，它是“最早开始时间”（ES）与“作业时间”的总和。

④ 最晚结束时间[LF（Latest Finish）]

最慢必须完成工作的时间点，它是“最晚开始时间”（LS）与“作业时间”的总和。

接下来，我们要计算整个项目所需的工作天数，方法是将“最早开始”与“最早结束”一起计算，先将“最早开始”的起始日设定为0，然后从任务A、任务B……一直累加到最后的任务E的最快可能开始的时间点，就是“最早结束”所需的时间。同理，计算“最晚开始”与“最晚结束”的方法，刚好与前面的顺序相反，必须从最后面的任务E的最慢必须完成的时间点开始（完成期限），往前回溯累加每个任务所需的时间。

最后是评估不同路径方案的累加计算结果（日期与工作日数），经评估后，挑选出最适合的方案出来。

经过这样的说明，我们就可以知道“箭线图”中的箭头与饼图框都具有特定的意义。因此，这种图形表示法又称为双代号网络图法。

（2）节点式作业表示法[AoN（Activities on Node network）]

依据节点式作业表示法所绘制而成的图形，称为“节点图”（precedence diagram），也有人称为“顺序图”，而这种绘制的方法就称为“节点图法”[PDM（Precedence Diagramming Method）]。

请你看一下这张关键路径图（见图3.3.18）。这是一家物流中心从设计到检验为止的12个作业要点的路径，可看到表格与箭头布满了整个空间，所有表格都位于箭头间的“节点”上。因此，这种图形表示法被称为节点式作业表示

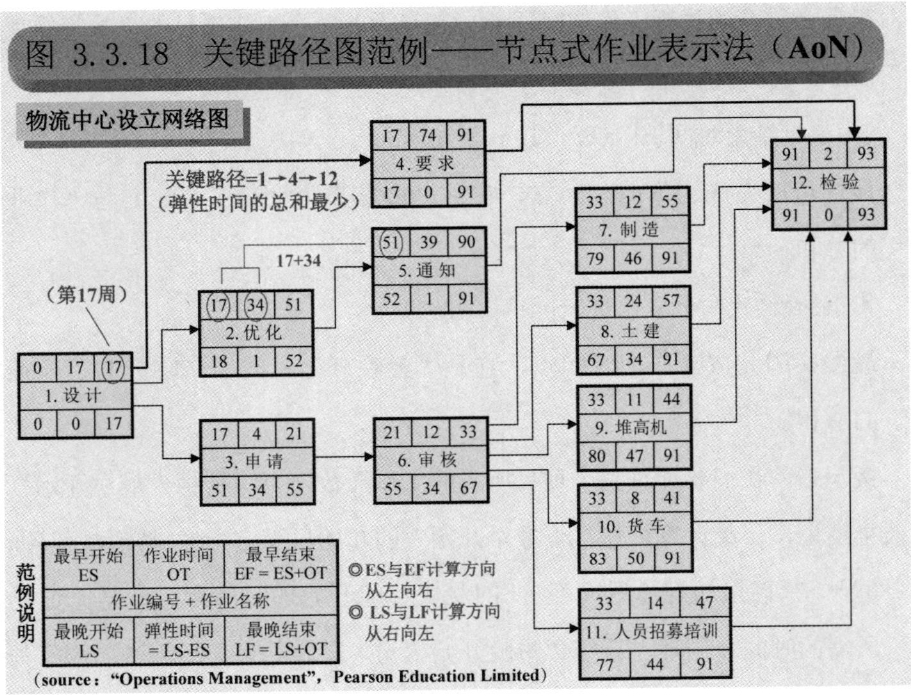

图 3.3.18 关键路径图范例——节点式作业表示法（AoN）

法，属于一种单代号网络图法（节点的意义等同于前面的饼图框，但箭头只代表一种流程顺序，不具特定含义）。每个表格（工序）代表一项工作活动，而表格由以下的7个要素构成：

① 作业编号与作业名称（如“1. 设计”）

② 最早开始时间[ES（Earliest Start）]=前一个工作项目的“最早开始时间”（ES）+“作业时间”（OT），但在最前面的第一个工作项目的“最早开始时间”，一般都设定为0。

③ 最晚开始时间[LS（Latest Start）]=前一个工作项目的最晚结束时间（LF），但在最前面的第一个工作项目的“最晚开始时间”，一般都设定为0。

④ 最早结束时间[EF（Earliest Finish）] =“最早开始时间”（ES）+“作业时间”（OT）

⑤ 最晚结束时间[LF（Latest Finish）]=“最晚开始时间”（LS）+“作

业时间”（OT）

⑥ 作业时间（OT）

⑦ 弹性时间（也有人翻译为“松弛时间”）=“最晚开始时间”（LS）-“最早开始时间”（ES）

表格中的数字单位一般都以“周数”或“日数”表示，在本例中是以“周数”表示，如数字17代表第17周。

如果觉得看了以上的说明还是不懂，我们可以再翻开图3.3.18配合文字说明一起看，应该就会有些领悟。

最后计算所有路径的“弹性时间”，哪一条的弹性时间最少，这条路径就是我们所要的“关键路径”，图3.3.18中的关键路径是1→4→12，因为这条路径的弹性时间等于0。

到了这里，读者可能会问：那么以“节点式”作业表示法做成的关键路径图是否可转换为用“箭线式”作业表示法来绘制？答案是当然可以，反之亦然，它们只是呈现的视觉效果不一样，但原理相同。不过，在实务上，还是以“节点式”作业表示法占多数，理由是：它使用起来较为方便，也更容易让人理解，视觉上也没那么繁杂。

3. 具有因果与从属关系的流程图——关联图、关系图或概念式图解

如果我们将流程图中，原本具有顺序与步骤概念的箭头，当成一种因果与从属关系的概念，这时，流程图就摇身一变，成为关联图、关系图或概念式图解。它也具有两个要素：内含说明文字的图框与具有因果或从属/分支关系的箭头。另外，还有以线条拉出的辅助说明文字。

关联图与前面的标准作业流程——业务流程图十分类似，只是没有Yes与No的路径判别，是一种常常会运用到、实用性很高的图解工具，在后面的第四

章会有详细说明。（见图3.3.19）

图 3.3.19 “关联图”范例——英国情报组织的分工与作业流程

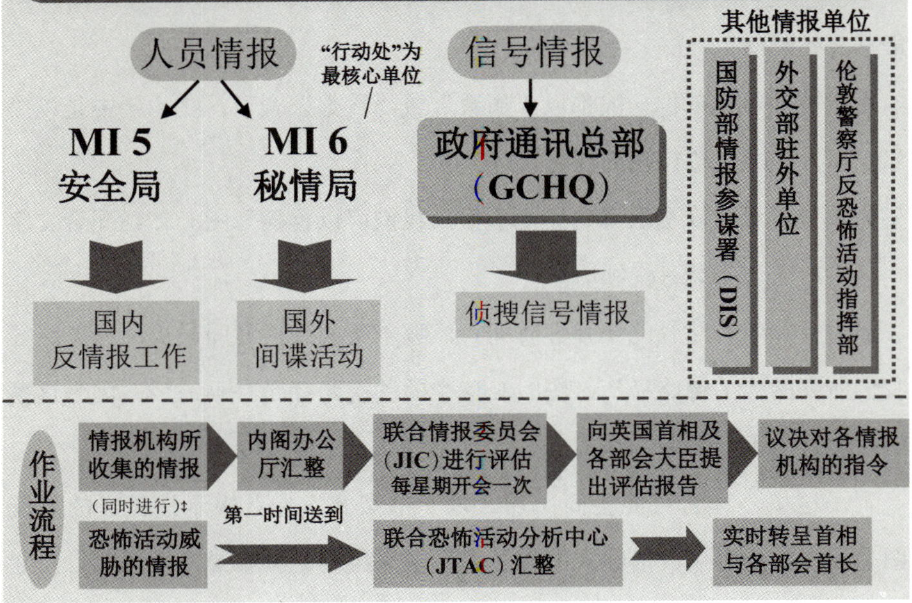

还有一点要注意，就是为了配合目的与需求，有时要调节流程图所要容纳的信息量。如果我们想制作一个项目在10个以内的简易型工作流程图，在图形的呈现上，可以使用内含说明文字的块状箭头、或，自左而右排列。如果其中有一项工作需要再做详细说明，可以在该工作项目所在箭头的上方或下方，拉出一个局部图解，说明该工作所需的流程。一方面，可以让人快速理解整体的流程结构；另一方面，也可以让人掌握某一重要工作项目的流程细节。（见图3.3.20）

图 3.3.20　以块状箭头表示的简易流程图——商品销售流程

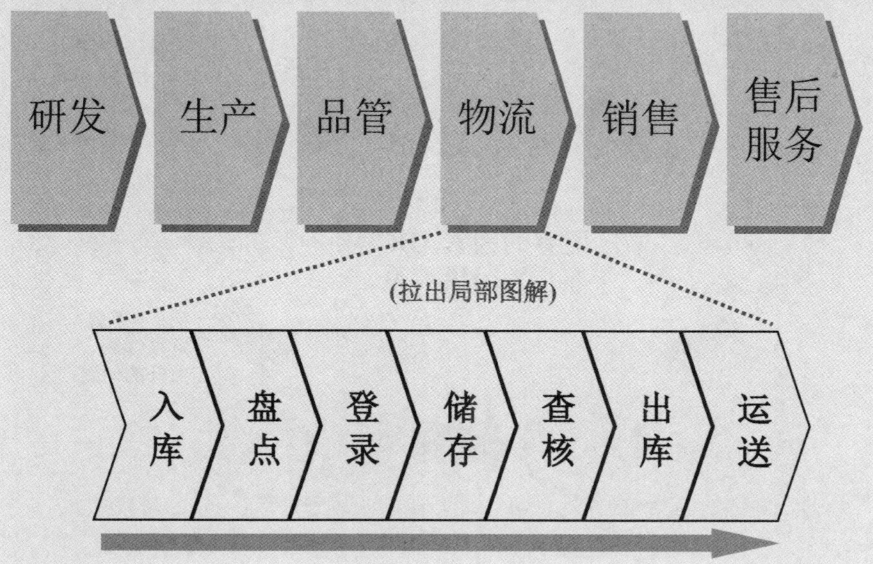

◎联想——流程图与循环图

如果你将流程图的头尾两端连接起来，成为没有起点，也没有终点的不断循环的过程，这种图形就称为循环图，也就是其中所有的因素都互为因果关系。最典型的例子，就是“良性循环”（virtuous cycle）与“恶性循环”（vicious cycle）模型。以“恶性循环”假设模型为例，一旦模型建构完成，就要从里面找出优先解决的因素，这个因素就是一个特别的“杠杆支点”（leverage point），先从这个支点解决问题，就可以瓦解这整个循环的流程，并解决大部分的问题（80/20法则）。有时，当一个重要的因素改善或解决后，还会连带将其他原本是恶性循环的因素，变成良性循环的因素，成为一种良性循环的循环图。（见图3.3.21）

图 3.3.21 循环图范例——恶性循环模型

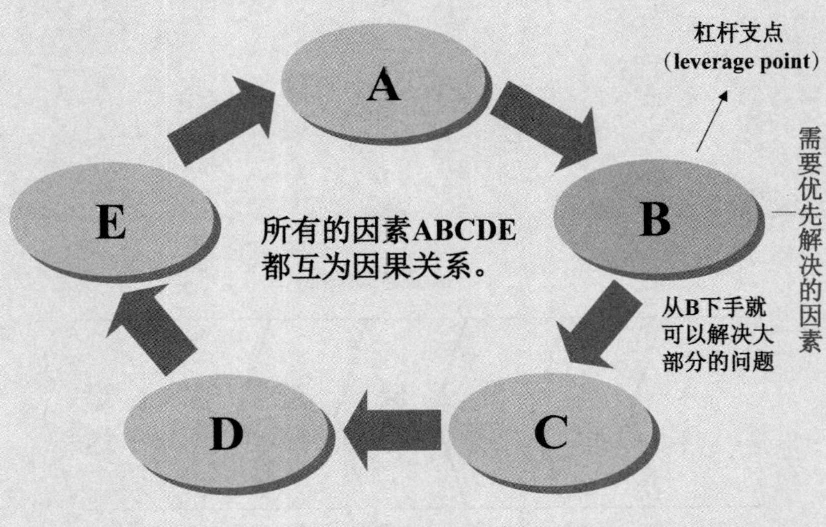

四、与问题的解决方案相关的思考法

1. 优缺点评估的PMI列举表与项目排序的CAF思考表

一件事情往往有利有弊，有时很难让人做出判断与决定，面对这种情况，有些人会想很久，迟迟拿不定主意，等到做出决定时，不是时机已过，就是做出的决策仍不够成熟周全。这时，我们可以使用简易方便的PMI（Plus Minus Interest）列举表。它是一张优缺点并列的三栏式表格，三个字段分别代表优点、缺点与考虑点。

优　点	缺　点	考 虑 点

首先设定好所要探讨的主题，例如“是否该购买平板电脑来取代原先的笔记本电脑？”接着将我们针对这件事情所想到的所有优缺点，尽管列举上去，但是每一项都要仔细考虑几分钟，好让正反意见都能清楚呈现。同时，在列举优缺点的过程中，我们可能又会延伸出其他相关的想法，例如，我们想开一家具怀旧风味的咖啡店，就在优点栏写下“自己有高度创业的动机与兴趣”。但

接着我们会想到资金、店面与咖啡豆的货源从哪来？这时我们可以将这些相关事项写在“考虑点”一栏内。这也代表还没解决的问题，需要更多的信息与说明，往后等到信息更完整或不确定的事情明朗化时，就可将这些考虑点转填入优点或缺点栏。

有人也许以为将这些优缺点写下来，对事情不见得有帮助。但是想不如写，当我们将这些优缺点的文字一一写下来时，我们的大脑也开始在整理思路，写的过程成为一种思考的过程。等到完成这张表格后，我们就可以将这三栏内的内容做整体性的考虑，做出最佳决策，也对自己接下来的行动更有把握。

另有一种CAF（Consider all facts）思考表，这是由英国的思考大师爱德华·狄·波诺（Edward de Bono）设想的，原理是运用三栏式表格的列表将决策标准可视化，由事实/考虑点、优先级与备注构成三个字段。

做法是先帮助主题，然后将所搜集到的事实或心中所想到的考虑点填入左方的字段，接着在中间的优先级字段，将事实/考虑点的项目依优先级自上而下排列，并加以分类。通常是分为三大类，A类代表需第一个考虑（最重要的因素）的项目，B类其次，C类则是最后考虑。排列好后，再将与主题有关的事项填入备注栏中，事项可能是一个点子或待查证的问题，当这些事项都厘清后，再转填入事实/考虑点与优先级的字段中。

【生活应用范例】

PMI列举表——哲雄是否该接受上海新公司的聘用

哲雄目前在台北一家金融控股公司上班，已婚，太太在家照顾两个小孩。已是高层主管的他，享有优厚的待遇，令人称羡。但前一阵子，他接到一家国际知名的猎头公司台北分公司的来电，告知上海市有一家国际知名的金融控股公司有工作空缺，除了年薪是台北的3倍外，更享有住房、配车、分红、保险等诸多福利。哲雄听了十分动心，利用休假时间飞到上海进行面谈。结果也很顺利，对方有高度意愿聘用哲雄担任金融控股公司上海分公司的总经理。但此时哲雄有点犹豫：是抛下台湾所有的一切，飞到上海接受新职，还是应该在稳健的保守策略下，继续固守原有的一切？即使哲雄选择继续留在台湾，一切也不成问题，往后他还是能领到丰厚的退休金来保障老年生活；而跳槽代表某种程度的风险，尤其是在人生地不熟的上海市；如果达不到业绩要求，可能卷铺盖走人；但跳槽也有成功的案例，一些台湾人也在祖国大陆开创了另一片新天地。就在哲雄拿不定主意之际，他决定运用PMI列举表，将接受新职所能想到的优缺点一并写下来，做一个整体思考。于是他做出了如下的表格：

PMI表 → 是否该接受上海新公司的聘用		
优　点	缺　点	考虑点
○年薪：目前的3倍+分红	○机会成本：放弃台湾的薪资与退休金	○孩子如何适应新环境与新学校？
○福利：享有住房、配车	○不确定感：创业的风险	○创造空间有多大？
○工作内容有趣、具开创性	○父母：无法常探望与照顾	○能胜任新工作吗？
○成就感：如果成功，可开创另一事业高峰	○小孩：台湾课业中断，需重新适应新环境（转学）	○能适应新公司的组织文化吗？
	○客户与朋友：人脉断层	○近年台湾整体经济环境持续恶化
	○搬到另一个陌生的城市	

后来哲雄拿着表格与太太分析讨论，夫妻两人都认为其实最重要的关键问题有两个：除了物质的报酬外，就是自己对新工作的兴趣与热诚，这是一个大前提，没有这个前提，讨论PMI表就没有多大的意义；另一个是孩子的转学与

适应问题，转学部分，可让孩子先进入上海当地的台商子女学校就读，进行无缝接轨，适应的问题则需与两个孩子坦诚沟通，做好心理准备，并与孩子携手处理适应方面的问题，协助孩子在当地成长；至于表格中的其他项目并不如想象中的严重，可分成三种情况。

（1）选择跳槽一定会有的结果

例如，放弃台湾薪资与退休金的机会成本、创业的风险与不确定感、人脉断层（无法像在台湾般可常联络碰面，维系人脉）、搬到另一个陌生的城市等。

（2）有办法解决的项目

对于父母的探望与照顾方面，首先要找个时间跟父母说明自己的这个重大决定，取得父母的支持，以后从上海休假返台时再带妻小常回父母家探望，平时则常与父母保持电话联络与问候。

（3）不必考虑的问题

是否能胜任新工作与新公司的组织文化等考虑点，是每次转换工作必有的假命题，即使在台湾换新工作也是如此。由于哲雄已与对方面谈过，对新工作的范围与内容，已有一定程度的掌握，何况对方也经过评估，因此，不存在胜任不胜任的问题。至于新公司的组织文化不必太担心，哲雄已是成年人，有多年的工作与社会经验，适应力强，应该可以很快融入新公司的组织文化中。

经过以上的分析与讨论后，哲雄很快就做出决定，接受新工作的挑战，择日与妻小搬到上海定居，开启了人生另一种新的可能。

【生活应用范例】

CAF列表——怡如评估该给孩子念哪所幼儿园

怡如想为4岁的儿子挑选一所幼儿园，在住家附近就有三四所可供选择，她不知该如何比较，于是列出一张“孩子该念哪所幼儿园”的CAF清单，想厘清该用哪些指标作为评估依据。

CAF清单的特色是可以列出自己重视的条件，只要排定好自己重视的优先条件，并思考寻求所需答案的方法后，怡如就可以据此找出最符合理想的幼儿园，放心送孩子上学。

事实/考虑点	优先级（ABC）	备　注
• 离家近	• 师资的证照与专业条件（A）	收集幼儿园名单
• 幼儿园的知名度	• 娃娃车的安全性（A）	电话联络询问
• 园内环境（空间、卫生与安全性）	• 园内环境（A）（空间、卫生与安全性）	亲自到园所参观环境
• 有合法手续	• 有合法手续（A）	索取家长手册
• 师资的证照与专业条件	• 课程安排与教学方法重视个别发展（A）	询问孩子的意见
• 县市政府的幼教评鉴报告	• 班级人数与师生比（A）	询问上过学孩子的其他家长意见
• 有双语教学	• 老师对孩子的关照与互动（A）	是否符合消防安全法规
• 娃娃车的安全性	• 县市政府的幼教评鉴报告（B）	厨房的清洁与厨师卫生习惯
• 课程安排与教学方法重视个别发展	• 孩子的饮食与午休时间（B）	
• 收费标准	• 离家近（B）	
• 孩子的饮食与午休时间	• 接送时间（B）	
• 班级人数与师生比	• 园长的创办理念（B）	
• 园所人员的服务态度是否亲切敬业	• 园所人员的服务态度亲切敬业（B）	

续表

事实/考虑点	优先级（ABC）	备　注
• 接送时间	• 收费标准（C）	
• 老师对孩子的关照与互动	• 幼儿园的知名度（C）	
• 园长的创办理念	• 有双语教学（C）	

◎联想——水平思考法与垂直思考法

水平思考法与垂直思考法是相对应的两种不同概念，水平思考法运用的是“模拟”概念，以一个课题或关键词为核心，进行“面”的搜寻，寻找相似的事物。这是由思考鬼才大师爱德华•狄•波诺提出的思考方法，知名的“六顶思考帽”正是他关于水平思考的重要实践工具。垂直思考法则是运用上下串联的概念，进行向上与向下的延伸与扩展，着重的是单点突破的分析能力。

在运用方法上，先运用水平思考法认清整体与局部之间的关系（宏观），再针对重要的特定部分（微观），运用垂直思考法进行深入分析。

（见P30《放大视野的水平思考法与深入分析的垂直思考法》）

2. 给评估项目打分数的决策矩阵

日常生活中，买东西是我们几乎每天都会有的交易行为，通过法定货币的使用与流通，我们才能拿到自己想要的东西，满足在生活上的所需与所想。但是能购买的东西五花八门，有的很简单，属于低价位的生活用品，不需考虑太多，直接出手就能购买，如买一包家庭必备的卫生纸。但是有时候，如果想买的东西属于高价位的物品，价格可能高达数十万或数百万元，又都有两种以上的不同品牌或相似物品可供选择，我们的思考就会变得比较复杂与谨慎。面对这样的情况，有没有一种简单的方法可帮助我们做评估，做出最佳购买决策？

这时，一种简易型的决策矩阵（decision matrix）表格就可派上用场。它是一张四栏式的表格（以评估的主体有A、B两个为例），分别代表序号、评估项目（购买考虑因素）、评估主体A与评估主体B四栏。先设定针对A或B的每个评估项目给予1～5分的评分，将该分数填入相对应的格位中，注意评估项目的选项都是正面表列（正向的语句）。当然，我们也可以将评分范围设定为1～10分，只是如此一来，大脑要针对十个级别进行判断，较为复杂。在此我们简化为五个级别，最后分别统计A与B的得分，分数愈高者，就是我们应该选择购买的品牌或物品（A或B）。

<table>
<tr><th>序号</th><th>评估项目</th><th>评估主体A （1～5分）</th><th>评估主体B （1～5分）</th></tr>
<tr><td></td><td></td><td></td><td></td></tr>
<tr><td colspan="2">合　计</td><td></td><td></td></tr>
</table>

也许有人会问：打分数是一种很主观的认知，这样准吗？由于我们是买东西的决策者，因此，由自己来评分，比由别人来帮着评分，当然会往理性客观方面更为接近，只要这个分数是我们综合考虑所有评估项目后的结果，这个评分（1～5分）就有存在的意义，再经过统计之后，就是当下所能做的最好选择。另一方面，世界上没有任何决策是十全十美的，有了一个评估分数的系统，比犹豫不决或瞎子摸象式的决策要好。

我们在使用决策矩阵进行评分的过程中，可能会发现有些评估项目（如登机时行李箱的拖拉顺畅度）是自己特别重视的。这时，为了让评分结果更能反映事实，我们可以对这些评估项目给予加权（特别积分），成为一种强化后的决策矩阵，也就是重点决策矩阵，做法有两种。

（1）采用加权等级

适用于评估项目较多时（5个以上），方法是针对不同的评估项目给予不同的加权等级，例如：1～5级，等级愈高，相乘后的总计分也愈多，虽然是针对个别项目给予等级，但还是要在做整体项目的比较评估后再进行，较为周全。

（2）采用百分比概念

适用于评估项目较少时（5个以内），这是一种“排挤效应”的概念，也就是将所有评估项目的总分设定为100分，由自己对不同的评估项目进行总分的分配，这样做的好处是可以同时比较与思考项目之间的消长变化。

【生活应用范例】

佩如评估购车的重点决策矩阵

佩如是一个粉领上班族，也是一个单亲妈妈，与前夫离婚后，独自抚养两个就读小学的孩子，虽然辛苦，但日子还过得去。由于家住新北市的一处偏远小区，出入开车比较方便，考虑自己所开的轿车车龄已有10年以上，为了接送小孩的安全，再衡量自己的经济能力，加上有时会带父母乘车出游，她决定以车贷的方式买车，目标锁定70～90万元价格区间的国产三排轿式休旅车。经过实地的店面考察与试乘后，她最后选出两个国产品牌A与B的休旅车，为了更能精确地评估购买决策，她使用决策矩阵来做分析。她做了一个买车的决策矩阵：

序号	评估项目	A品牌休旅车（1～5分）	B品牌休旅车（1～5分）
1	性能	2	3
2	价格	4	3
3	外形	4	3
4	品牌形象	5	4
5	舒适性	4	4

6	安全性	4	3
7	乘坐空间（三排座椅）	5	4
8	省油性（km/L）	3	4
9	保养维修费用（元/月）	4	
3			
合　计		35	31

经由决策矩阵的细项分析与评估后，佩如认为A品牌的休旅车是最佳选择（35分）。但她还是继续做了一个具有加权性质的重点决策矩阵，将所有评估项目给予加权（1～5级），再计算AB品牌休旅车的总分。她的重点决策矩阵如下：

序号	评估项目	加权（1～5）	A品牌休旅车（1～5分）	A总分	B品牌休旅车（1～5分）	B总分
1	性能	1	2	2	3	3
2	价格	3	4	12	3	9
3	外形	2	4	8	3	6
4	品牌形象	4	5	20	4	16
5	舒适性	3	4	12	4	12
6	安全性	5	4	20	3	15
7	乘坐空间（三排座椅）	3	5	15	4	12
8	省油性（km/L）	4	3	12	4	16
9	保养维修费用（元/月）	3	4	12	3	9
总　计			35	113	31	98

从以上的结果可看出，经由加权后的结果，使A品牌的总分（113分）更领先B品牌（98分），最后佩如依照分析后的结果采取行动，向车商下订单购买A品牌的轿式休旅车，以更换现有的老旧车辆。

◎联想——平均数与加权平均数

平均数是日常生活中常听到或使用到的一种算法，但是统计上另有一种加权平均数（weighted mean）的算法，举例如下。

学校有两个班级，甲班有3人，乙班有2人，这次学生的期中考成绩与每班平均分数如下：

甲 班	70分	80分	90分	平均数 = （70+80+90）/3 = 80分
乙 班	50分	60分	——	平均数 = （50+60）/2 = 55分

现在计算整体学生（甲班+乙班）的平均成绩，如果是用（80+55）/2 = 67.5分的算法会有些失真，因为没有考虑到每班的学生人数不同。因此，比较好的算法是将学生人数纳入考虑（权重）来计算，有两种算法：

（1）所有分数相加后除以总人数：（70+80+90+50+60）/5= 70分/人

（2）加权平均法

在仅知班级人数与平均分数的情况下：

加权平均 =（80×3+55×2）/（3+2）= 70分/人

如此得到的数字70分比较能反映学生期中考平均分数的实际情况。

3. 构思解决对策或探求构成要素的树形图法

树形图（tree diagram）是我们经常听到的一种图形思考法，事实上，它还有另一个名词——系统图法（systematic diagram），也有另外三个非正式

图 3.4.1　厘清课题与项目间关系的树形图架构

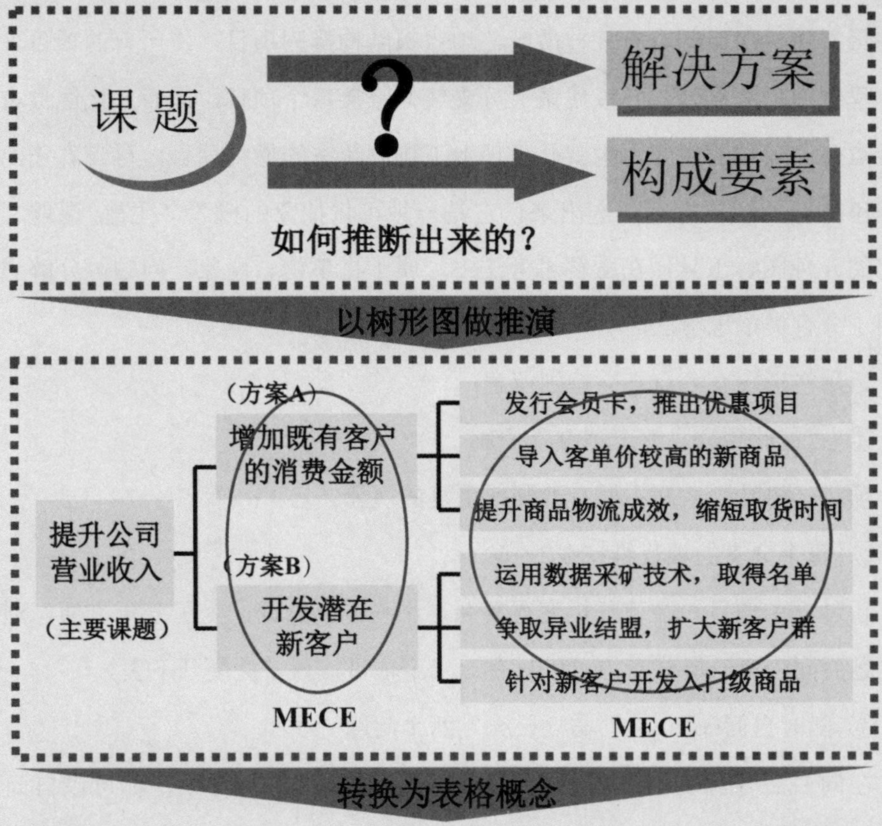

主要课题	第一层	第二层
提升公司营业收入	增加既有客户的消费金额	发行会员卡，推出优惠项目
		导入客单价较高的新商品
		提升商品物流成效，缩短取货时间
	开发潜在新客户	运用数据采矿技术，取得名单
		争取异业结盟，扩大新客户群
		针对新客户开发入门级商品

的名称——逻辑树（logic tree）、逻辑树形图（logic tree diagram）或阶层构造图。这套图法起源于日本，原本应用于工业管理的领域，后来被全球的质量管理（quality control）界相关人士广泛运用。

从图形的呈现来看，树形图有一个源头——主题/课题（起点/树干），位在最左边，而后朝右方开枝散叶，用逻辑结构排列项目，使所有的项目（树叶）呈现扇形的展开，并以线条（分支线）链接每个项目，最后，抵达最右方的终点——顶端的树叶，也就是呈现上下排列状态的最终项目，再将真正的原因或可执行的解决方案圈选出来。它是一种可将抽象的概念（主题/课题）具体化的一种图解工具，在图解思考法中，属于将事物、现象、问题等分解思考的因子分解类型思考法。

运用树形图有三点必须特别留意：

① “彼此独立，互无遗漏”原则

项目（树叶）之间不要有遗漏或重复的现象。

② 每个分支的项目维持在2～5个

超过五个项目，会使分析变得复杂，不易得出结论；为了分析方便，通常在主题后面的第一层分支，可以只有2～3个项目，再依此展开下去。

③ 随时自问so what？与why so？两个问题

在向右展开分支的时候，也就是从课题发展项目的时候，你可以自问so what？（接下来应该做什么？）而从终点（最后出现的项目）往左看的时候，就要自问why so？（为什么会如此？）整个树形图完成时，用这个方法反复检查（向右与向左）其中的逻辑关联性，会让整个树形图的结构更加完整与周全。

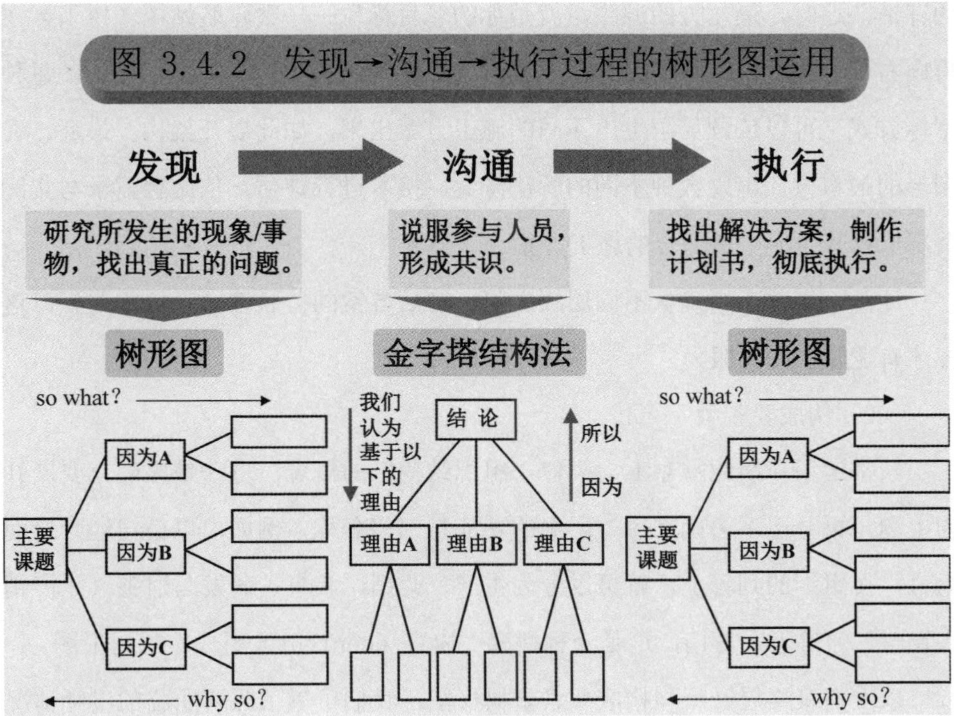

整体看起来，图形的呈现就像一棵平躺的大树，这就是它称为树形图的原因，相当贴切而传神。当然，我们也可以坚持从下而上排列树形图的结构，让它看起来就如同一棵直立的大树般。

◎ 树形图的分类

从专业领域的角度来看，依不同的使用目的，树形图可分为两大类：策略展开型与构成要素型。

（1）策略展开型

这一类型的树形图，主要用在计划的展开上，类似“分类图”的概念。如果你是桃园国际机场的核心主管，想进行航站楼整体建设的工程招标相关规划的评估，这时，最左方的源头，就是你的“目标”——整建航站楼（树干），再向右可分为“价格最低标”与“最有利标”等两大类的不同招标方式，每种招标方式又可以依预算衍生出不同的施工方案出来，如此展开架构；最后，在图形的最右方，出现数种不同的解决方案，接着进行评估，依旅客需求与实际情况选择其中一个最适合的施工方案。

注意，必须不断确认不同层级之间、前后方案的关联性（直接相关），这样才有逻辑上的说服力。

（2）构成要素型

较常运用在组织规划上，类似“组织结构”的概念，方法是先确立要展开的主题，再分层下去确立每一层级的功能与部门名称，例如，以公司经营层面而言，在组织的划分上，就可以分为生产、营销、人事、研发与财务（“产销人发财”）等五大部门，这是一种探究“内容（content）组成”的树形图。

以上的策略展开型与构成要素型树形图，我们可以依照所面临的实际情况（分析的情境）选择一种或两种同时并用。

当然，你也可以依据逻辑思考与本身的专业经验，使用树形图找出问题或事件发生的原因，并寻求解决对策，不受上述两种类型的限制，当改善这些最右方的基本原因后，就可以反过来向左产生波及与扩大的效果，因而解决了最左边的问题。

【树形图生活应用范例】

学好英文的方法

振修目前40岁，在台北的一家跨国外商公司担任高层主管的职务，平时因业务关系，在一天内都要看好几份英文报表，与公司的外国同事交谈也难不倒他。他的英文能有今天的水平，不是靠天分，而是靠努力得来的。其实，振修在学生时代，从念初中开始，英文成绩就不好，在同班同学中一直排最后，以致他采取逃避的心态，不愿面对英文好好学习，在路上如果遇到外国人想问路，也会因害怕而跑开。有时，他也会想到自己是不是有点自卑，或是得了“英文恐惧症候群”。后来在大学念书住宿的一个偶然机会，他认识了一位同校的外国交换学生——马克。马克十分健谈，受到马克的影响，振修慢慢破除对英文的恐惧。他与马克约定：由他教马克中文，马克则以教他英文作为回报。渐渐地，他从现身的练习中对英文产生了兴趣。他不断钻研，从听力开始打下了良好的基础，后来也通过了一系列的英文检测考试。在学习英文的过程中，他试着画出了一张学习英文的树形图，如下图所示：

图 3.4.3　振修的英文学习树形图

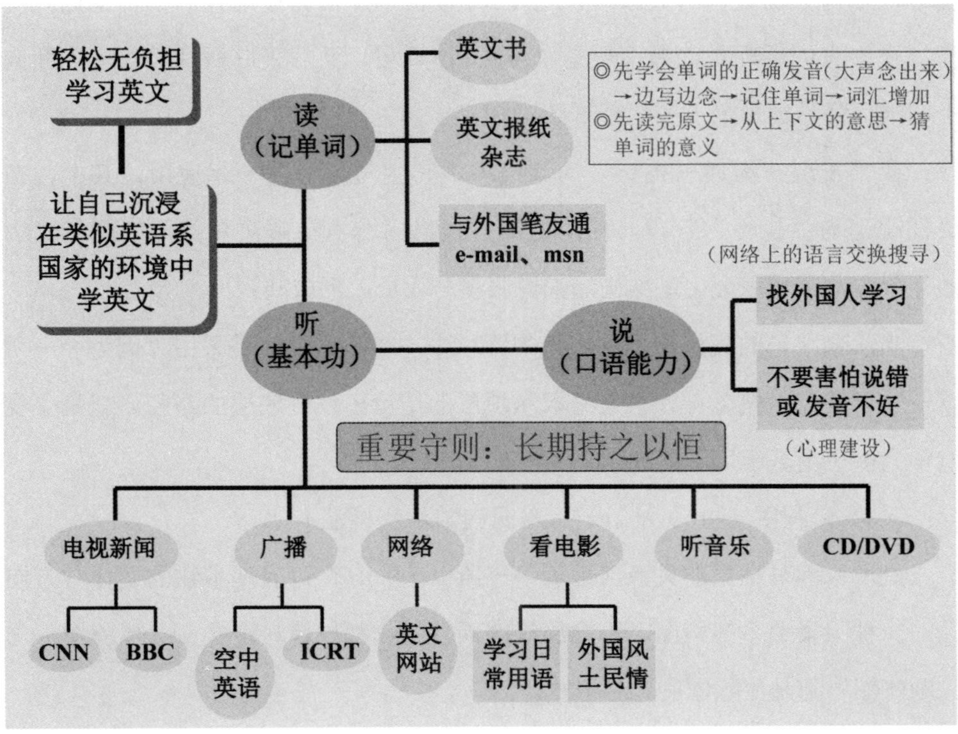

图中显示振修认为学习英文的重点是要先从“听”与“读”入手，有了好的英文听力，自然就会有“说”的能力。而“读”可与“写”结合，让自己的英文词汇增加，同时，还要持之以恒。经由以上的学习方法，一个人的英文实力就能不断提升。

◎联想

以分支为概念的系统式图解法，除了树形图外，还有金字塔结构法、流程图、判定树与鱼骨图等四种，现在分别说明如下。

（1）金字塔结构法（见P21金字塔结构法）

这是由结论（主张）与原因（理由）构成的一种具因果关系的构造图，与树形图都属于一种树状结构的逻辑，原理都相通，都有“彼此独立，互不遗漏”原则与分支架构两大原理，是文章/报告中经常会运用到的一种架构式写作方法。它的原理是，最下层是一堆资料/事实，而后采取概括技巧，不断向上归纳，最后得出最上方的精华结论/主张。

在“发现→沟通→执行”的过程中，它会与树形图一起使用，其中，在“发现”与“执行”阶段，使用树形图找出问题点与解决对策，中间的“沟通”阶段，则使用金字塔结构法来说服参与人员，形成共识。

当从金字塔的底层出发到结论的路径中，在沟通上，是采用“因为……所以……”的逻辑概念；如果是采取从顶层的结论出发到底层的路径，就是“我们认为……是基于以下的理由……”

（2）流程图（flow chart）（见P131流程图法）

呈现原因与结果的关系（因为……所以……），可表现事物的变化与方向性的一种因果关系架构图，不同层级的项目间，都以箭号连接；“步骤图”与“顺序图”都是流程图的一种形式。

（3）鱼骨图（fishbone diagram）（见P124鱼骨图法）

一种因果关系系统图或脉络图，大多运用在找出问题背后的原因，在绘制方法上，先画出鱼头，代表某一特定现象或问题，再运用鱼骨的分支概念（鱼大骨、中骨、小骨……）与箭头符号，通过头脑风暴，标出不同原因（主要原因、次要原因……）的所在位置，可帮助我们厘清问题，进而提出解决问题的方案。

鱼骨图与前面所说的呈现原因与结果的流程图、树形图，都是一体两面，原理都相同，只有图形的呈现有所不同而已。

（4）判定树（decision tree）

判定树的图形和树形图长得十分类似，它可以将各种可以更换的方案、可能出现的状态、可行性大小与产生的后果等，也就是决策过程中的每个阶段之间的结构，绘制在一张图上，以便计算、研究与分析。它具有三大要素：内部节点（node）、分支线（branch）与树叶节点（leaf）。内部节点通常不止一个，要运用情境分析的技巧设计所有的可能组合，代表对结果具有关键性影响的事件项目（变量），分支线代表所要走的路径（表示内部节点的分析结果），而树叶节点则是整合所有内部节点的分析后，推断出来的最终结果（选择方案做决策）。

判定树的功能与树形图不同，它主要是依照逻辑将以上三要素做有次序的排列，具有选项概念（判别）的单一路径特性，依据所在节点的分支线数据做出判别，再循所选择的分支线前进到下一个节点，而树形图仅是一种分类与总览的图形概念，较不具有决策的性质。

判定树通过逻辑性的分析，可以帮助管理者将宝贵时间花在判断与决策上，而不用花时间去理解中间的过程。

判定树可分为“数据性”与“非数据性”两大类，数据性判定树是在每条的分支线，都有数字数据，数字可能是小于1、与概率有关的数字，如0.26、0.82，而同一节点衍生的所有分支线概率的总和等于1（100%），这是运用复杂的算法，算出每个事件的期望值，或是从现有的数据库中，找出最具关键的变量，再将这些变量排列组合成判定树，从中选择最佳的结果作为决策，属于一套量化分析的决策工具，通常运用在市场分析或是确认工厂生产能力的方案上。另一种数字是45%，68%等百分比数字，例如，我们从“产品消费者满意度问卷调查”的统计结果中，得知在产品用户的性别比例上，男性占65%，女性占35%，还有每个性别的不同年龄层（如20～29岁、30～39岁）的使用比例，我们可依据这份调查结果设计一张“产品消费者样貌（profile）判定树图”。此外，百货公司在每年的周年庆期间所推出的特定商品（如女性的保养用品）的促销折扣，也可依据这张消费者样貌的判定树来设计不同产品的折扣回馈方案，下图是数据性判定树的两个范例。

图 3.4.4　数据性判定树的概念

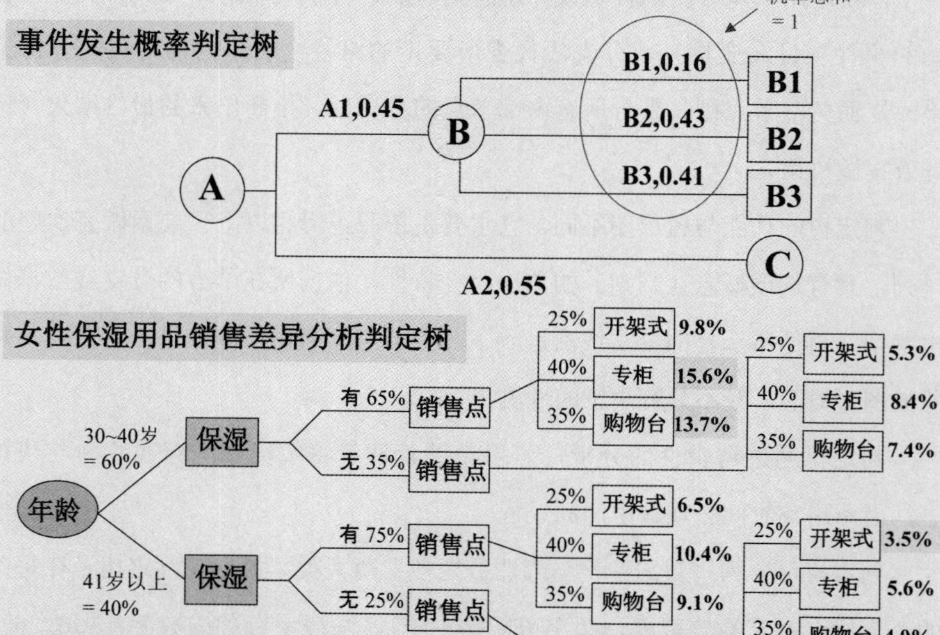

（取材自《工作，分析了再做》）

从上图的“女性保湿用品销售差异分析判定树”中，可发现30～40岁的女性、在专柜购买保湿用品的销售占比最高，占15.6%，其次为购物台销售点，占13.7%，而41岁以上的女性、在开架式卖场购买保湿用品的销售占比最低，仅占3.5%，往后扩大专柜与购物台的销售点数量，并增加保湿用品的陈列面与铺货量来接触更多的30～40岁女性，以拉高销售占比是一个可行的思考方向。

而非数据性判定树具有检索的功能，又可分为两类，一类是分支线具有Yes与No的提示性说明，判别所要选择的路径，以抵达目的地（树叶节点），如产品消费折扣判定树、（电冰箱）产品故障排除指示图，其中有许多需要做判别（Yes or No）的节点，再一层一层前进，最后所抵达的终点（树叶节点）就是消费者适用的折扣种类或（电冰箱）产品的故障原因/排除方法。图3.4.5为“非数据性判定树概念”的例子——“产品消费折扣判定树”的图形。

图 3.4.5　产品消费折扣决策树

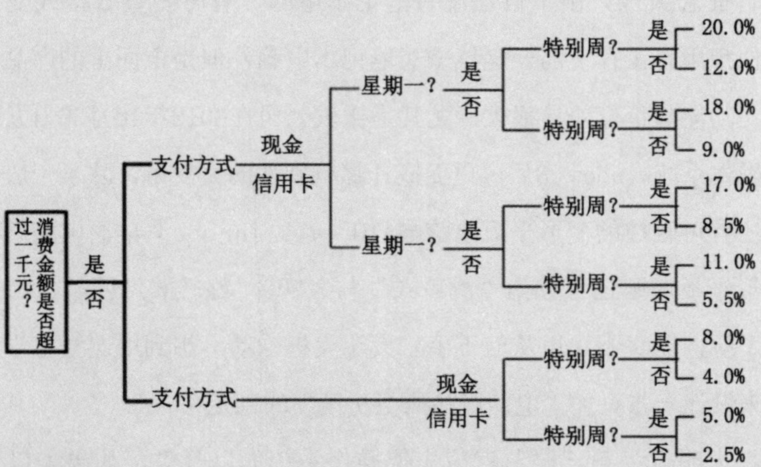

图3.4.5想表达的是消费者可以得到的折扣是以交易金额高低、付现/刷卡与特定日期等交易类型来决定，看起来好像很复杂，但是只要从最左边开始，依据与自己相关的路径去走、读自己必须读的部分，直到找出最右边的树叶节点的折扣比率（共有12种）即可，检索起来非常容易。

另一类的非数据性判定树，分支线旁没有任何数据标记，仅显示分支的概念，性质有点类似地图中的街道图功能，可以让我们按图索骥，了解整个事件 / 现象的来龙去脉，快速做出决策。扩大范围来讲，从单一路径的角度而言，人类的起源地图、太平洋的海洋生物地图总览等，都属于同一概念的判定树类型，我们可以在这些具有分支的层级式构造图中，做向前或向后的搜索追寻，找到我们要的答案，更讲究一点，也有绘图专家将这些判定树图形绘制成具有丰富美感的可视化信息图表（Information Graphics）。

【非数据性判定树生活应用范例】

电脑产品购买决策判定树

大明目前念大三，由于自己没有笔记本电脑，有时要查数据或交作业颇不方便，他想用打工存下的一笔钱来买笔记本电脑，但是市面上的产品五花八门，规格、功能与价位差异很大，尤其是微软公司在2012年10月26日发表新一代的窗口操作系统window 8后，更促成计算机硬件的大变革，除了一般笔记本电脑外，还有可触控的变形平板电脑与AIO（all in one）桌面电脑产品可供选购，变形平板电脑还可分为“滑盖式”与“360°旋转式”两类，如果不先研究、做了解，还真不知道从何下手。大明灵机一动，想到用课堂上学到的判定树概念来设计一张有关“电脑产品购买决策”的判定树。

首先，大明认为第一层节点应先依操作系统加以分类，如果先以价位分类，如何设计价格区间也是一个难题，何况先用价格做分类，会让这张判定树图丧失了该有的想象力。他决定将品牌、型号与价格放在最后面，作为树叶节点；第一层的操作系统设定好后，再循所搭载的功能与硬件平台前进，就可以找到合乎自己需求的笔记本电脑。大明制作的非数据性判定树如图3.4.6所示。

图 3.4.6　电脑产品购买决策判定树

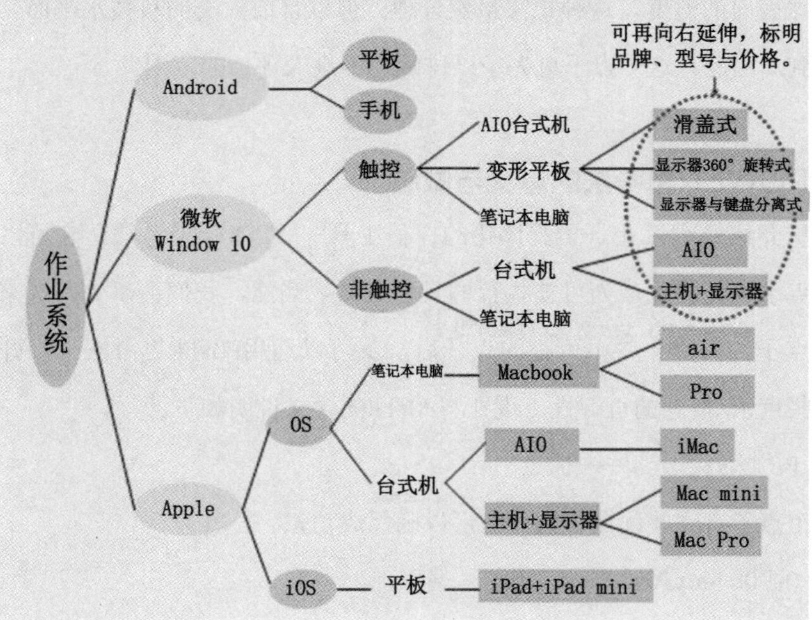

这张图还可以再向右延伸，将每种平台下的电脑品牌、型号与价格标示出来，成为树叶节点，如此，这张图就会成为一张非常棒的“电脑选购指南”，只是电脑产品会不断推陈出新，功能日新月异，因此，大明设计的这张电脑选购指南判定树还需要随时参考市场情况，时时更新。

4. 将点子或概念具体化的POWER思考法

在工作或日常生活中，我们有时需要思考一些带有创意的点子或概念来解决问题。但是点子应该成为一个具体、落实的方案，而不是一个天马行空、不切实际的幻想，成为“只会出一张嘴”的低能工作者。要避免落入这种境地，就要靠一些思考辅助工具的帮忙让我们可以事先评估所思考的点子的可行性。这时，要记住一个重要原则：只要与目前现状明显不符的点子（幻想），都可以先大笔一挥删除。例如，针对地球暖化的问题，有人想以一张张巨大的特殊纤维材质制作而成的巨伞，覆盖在地球的上空，阻挡一部分阳光照射，以此来降低地球表面的温度。这种想法虽然合理，但以目前人类的科技水平而言，根本做不到。因此，这个点子可先予以排除，不进入评估的范围。

◎POWER思考法的意义与做法

这里介绍一个可让点子具体化的评估工具——POWER思考法。它可以让一个小的点子火花扩大成为可被执行的具体方案。当然，我们会事先筛选来自不同人的点子，排除一些不可行的点子后，就可以运用POWER思考法来好好检查一下这些点子/概念的可行性。现在将POWER的含义说明如下。

① P：Positives——优点

这个点子有哪些优点？为什么可以确保成功？

② O：Objections——缺点

这个点子有哪些缺点？为什么会导致失败？

③ W：What else？——其他

这个点子还有哪些可以描述的特质（不论好坏）？我们还漏掉什么？

④ E：Enhancements——强化

如何增强这个点子的优点？

⑤ R：Remedies——补救

如何修补这个点子的缺点？让缺点减少或消失，甚至让缺点转化为优点。

在进行POWER思考的实务做法上，可以一人作业，也可通过小组的会议讨

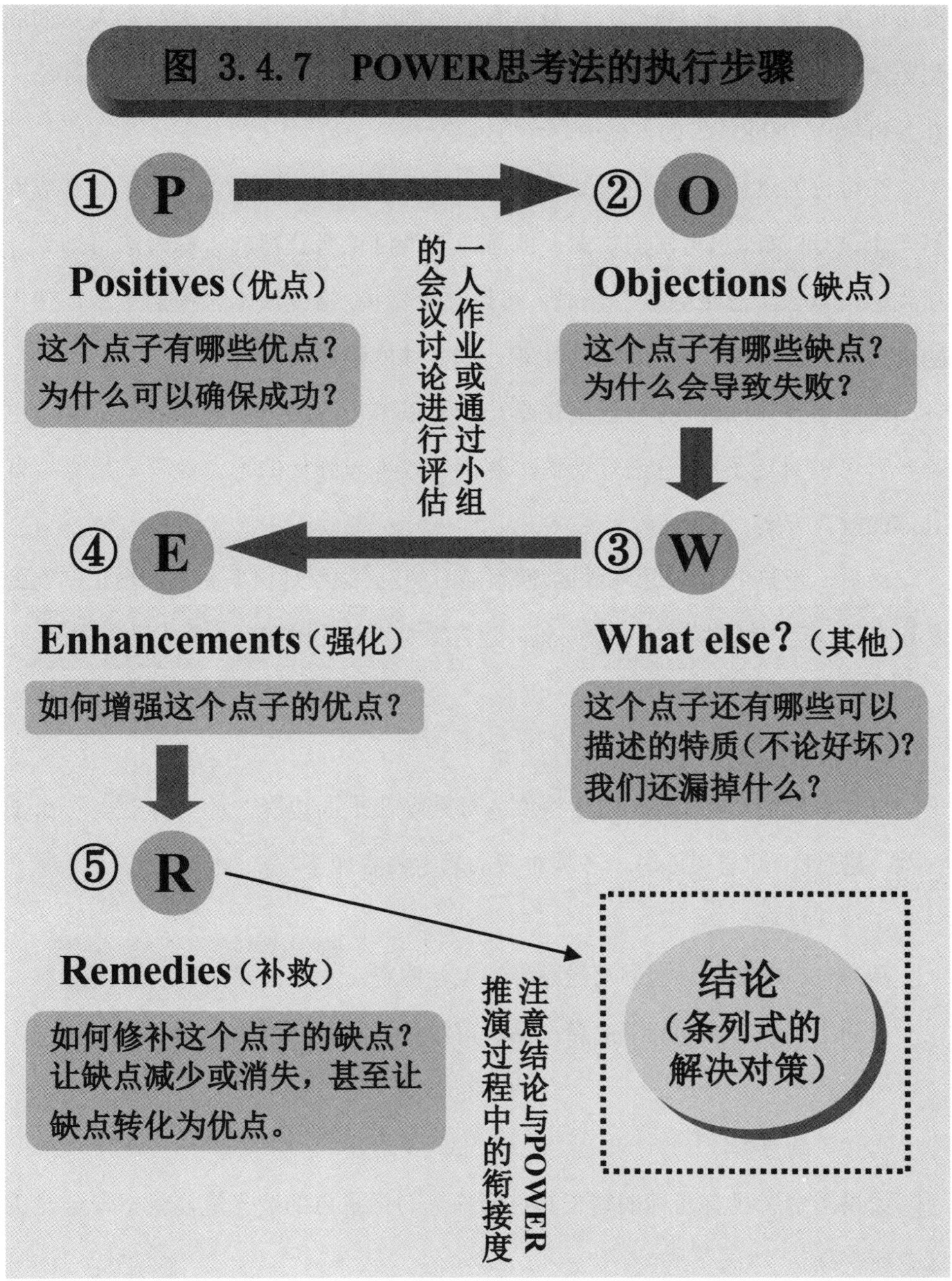

图 3.4.7　POWER思考法的执行步骤

论进行评估。通常会在白板上自左而右列出POWER的五大方格，而上方则列出要讨论的主题（点子/概念），最好有简单的说明与描述，扩大与会人员的联想范围。而针对这个主题的讨论内容，则依P-O-W-E-R的五个顺序依序讨论，并各自填入POWER代表的方格中。

在讨论的过程中，可能就是那灵光一闪，新的点子或概念出现了。它成为另一个进行POWER思考法的主题，或者，因为讨论所获得的一些想法与创见，让我们可以像“思维导图”一般，可以往上微调/修改原本含糊的主题，使主题成为可激发想象力的标题，再附带一些具体的描述文字。

简单地说，POWER思考法不仅是一个可以丰富思考力与联想力的工具，也是一套可以对点子/概念进行评估、测试、改善与强化的思考流程，用来拟订具体的解决方案。

最后，当整个POWER思考法的流程结束，还必须整理出条列式的结论，也就是让点子/概念具体落实的解决对策，包含数个步骤的做法，才算大功告成。

◎具体案例

以让圆珠笔附带有N次贴标签纸（可粘贴在页面边缘）的“标签笔”点子为例，进行POWER思考法时，各项对应的思考内容如下。

① P（优点）

具二合一功能，可边书写边贴标签纸标明重点，省去找标签纸的麻烦。

市面上尚未出现卷标笔的新产品，可排除竞争者的因素。

……

② O（缺点）

如果消费者已有两种书写工具：圆珠笔与记重点的荧光笔，就不一定要买这个新产品。

标签纸用完还要记得补充，不然就没有标签纸可用。

竞争者容易模仿，推出类似产品。

……

③ W（其他）

另一种形式的多功能笔，突破以往以颜色为主轴的多功能笔概念。

……

④ E（强化）

笔有两端，除了圆珠笔外，另一端也可成为书写工具，强化笔的功能认知。

……

⑤ R（补救）

要让消费者容易补充标签纸，最好是以“模块化”的概念来解决。

注记重点除了页面标识外，荧光笔可让消费者在同一页的不同段落间注明重点，故荧光笔的功能也可考虑进去。

……

结论：

1. 考虑到消费者的多重需求，将笔身做改良，一端为圆珠笔，另一端为荧光笔，笔身中间附带有标签纸抽取槽，维持不变。

2. 提供标签纸“补充包”，让消费者选购。

3. 售价不能太高，必须考虑学生族群的消费能力。

◎联想

因为POWER思考法中的P与O各自代表优点与缺点，我们可能会联想到前面提过的SWOT分析法（优势-劣势-机会-威胁的评估分析）。虽然两者的意义不太相同，但大体而言，可将POWER思考法视为“SWOT分析法+课题+解决对策”的缩小版，只是两者的应用领域不太相同。SWOT分析法较常用在宏观的、大范围角度的产品分析。POWER思考法则可针对不同的点子/概念进行局部的可行性

图 3.4.8 POWER思考法案例——标签笔

1	P	❑具有二合一功能，可边书写边贴标签纸标明重点，省去找标签纸的麻烦。 ❑市面上尚未出现卷标笔的新产品，可排除竞争者的因素。
2	O	❑如果消费者已有钢笔与记重点的荧光笔，就不一定要买这个新产品。 ❑标签纸用完还要记得补充，不然就没有标签纸可用。 ❑竞争者容易模仿，推出类似产品。
3	W	❑另一种形式的多功能笔，突破以往以颜色为主轴的多功能笔概念。
4	E	❑笔有两端，除了钢笔外，另一端也可成为书写工具，强化笔的功能认知。
5	R	❑要让消费者容易补充标签纸，最好是以“模块化”的概念来解决。 ❑注记重点除了页面标识外，荧光笔可让消费者在同一页的不同段落间注明重点，故荧光笔的功能也可考虑进去。

结论

1. 考虑到消费者的多重需求，将笔身做改良，一端为圆珠笔，另一端为荧光笔，笔身中间附带有标签纸抽取槽，维持不变。
2. 提供标签纸“补充包”，让消费者选购。
3. 售价不能太高，必须考虑学生族群的消费能力。

分析，它在运用上十分方便，是一项个人可立即上手的思考工具。

当然，厂商在推出一项新产品/服务前，它可以同时并用POWER思考法与SWOT分析法，两相对照，让企划部门与产品或服务研发小组运用POWER思考法作为内部的意见整合与评估工具，确认新产品/服务的推出没有问题，并运用SWOT分析法确认整体大环境与企业内部的资源整合都能支持产品或服务成立的论点，会是一个比较周全可靠的做法。

5. 运用类推技巧提出解决方案的综摄法

综摄法（synectics）是1967年在美国麻省理工学院进行创造性研究的威廉·戈登（William Gorden）提出的。这是一套产生构想与具有原创性思考的类推思考法。synectics这个名词的语源来自拉丁文，原意是“结合具有相似性特质的事物加以分析”。依据《常用英汉辞典》，对synectics的翻译与解释为：“群辩法，集思广益研讨法，经挑选的一群专长、性格各异的思想家自由而无拘无束地交换想法以发展新的思想，解决各种问题和寻求新发现的方法。”基本上，综摄法属于一种发散式（相对于收敛而言）的类推思考，重点放在事物A与B的相似点上，注意要素（形体、颜色、构造、流程……）之间的关联性，并依据这些关联性进行联想的一种整合分析流程。

◎类推流程与步骤

综摄法的流程，从提出课题到产生解决方案或新创意共有3个阶段与9个步骤。

第一阶段：掌握课题的本质

只有想清楚事物的根源、性质与前因后果，才能掌握正确的课题，并以具体明确的文句描述出来。

① 提出课题

② 分析课题

③ 构思解决方案

分析完课题之后，凭借专业知识与经验，我们的脑海会浮现不同版本的解决方案，从中挑选一个最适当的解决方案（可能不是最佳的方案）即可。

④ 设定解决的目标

有了解决方案，还要设定要用多大的程度与力气清除障碍。由于我们掌握的资源有限，所以我们应该一一列举要达成的项目与优先级。

第二阶段：新构想的联想与推断

这个阶段要将要聚焦的事物定下来，并开始进行类推。

⑤ 选择类推

选择适合的类推技巧。

⑥ 构思类推

运用类推技巧去推断，产生“内容”。

⑦ 检讨类推

经由这个类推方法产生的推断过程与结果，是否真能解决步骤①的课题。

第三阶段：新构想的具体化

⑧ 检查类推是否符合原先设定的目标

这样的推断结果是否能达成步骤④设定的目标。

⑨ 产生解决方案

从类推方法的过程与结果，结合课题的描述，拟订具体的解决方案。

◎关于第二阶段的类推思考法

要能在第二阶段的⑤～⑦步骤产生好的构想，要靠“类推”的手法与技巧的运用，依据从具体到抽象的程度，可以分为4类技巧。

A.直接类推法

从观察事物中寻找与主题契合的相似点，直接取材引用，这在科学的发展上十分常见。例如，开发一种能学蜘蛛走路的机器人，不仅移动速度要快，身体还要能保持平衡，这可以从观察蜘蛛的行走过程中获取灵感。又例如，从壁虎脚底的附着原理，发现同样有“凡得瓦力”（原子与原子间的细微引力）的存在，厂商进而开发出一种能牢固贴附在任何材质上的新材料。这些都是仿生学的运用实例。

B.溶入式类推法

将自己设想成对方（人事物）的情境，从目标对象的观点来进行联想的方法，最后的结论往往有令人意想不到的结果，类似营销学中的“以消费者需求为核心”的学说原理。例如，常遭批评的桃园机场出入境大厅与台北火车站地下街的导引指示牌，常让旅客走错路或不知如何到达目的地。这就是没有从使用者（旅客）的角度来看事情，进而解决问题，让旅客可以安全、快速、方便地抵达目的地。此时可以运用“溶入式类推法”，规划人员依据旅客的行走路线实际走一遍，重新规划设计明确与清楚醒目的导引指示牌，就可以解决这部分问题。

C.象征类推法

将问题加以抽象化，从象征性的角度来看待事情，做更宽广的联想，可从文献、学术书籍、传记、小说、游记、回忆录中的某个段落或文章与问题的状况相互对照，进行思考，得到解决问题的线索。最知名的例子就是电影《达•芬奇的密码》中呈现的故事情节，男主角抽丝剥茧、将发生的情境与文字记录做对照，并一路追踪，终于揭开整个事情的真相。在现实世界中，如果我们是公司的经营者，而公司面临了财务上的危机，这时如果我们可以看一些企业人物的传记或受访的报道，从中找到类似的案例，看看别人的经验之谈——如何处理危机、安然度过，也许就可以找到一些线索而得到启发。

D.想象类推法

围绕着单一主题，用不受限制、完全自由联想的创意手法，想象可以循序

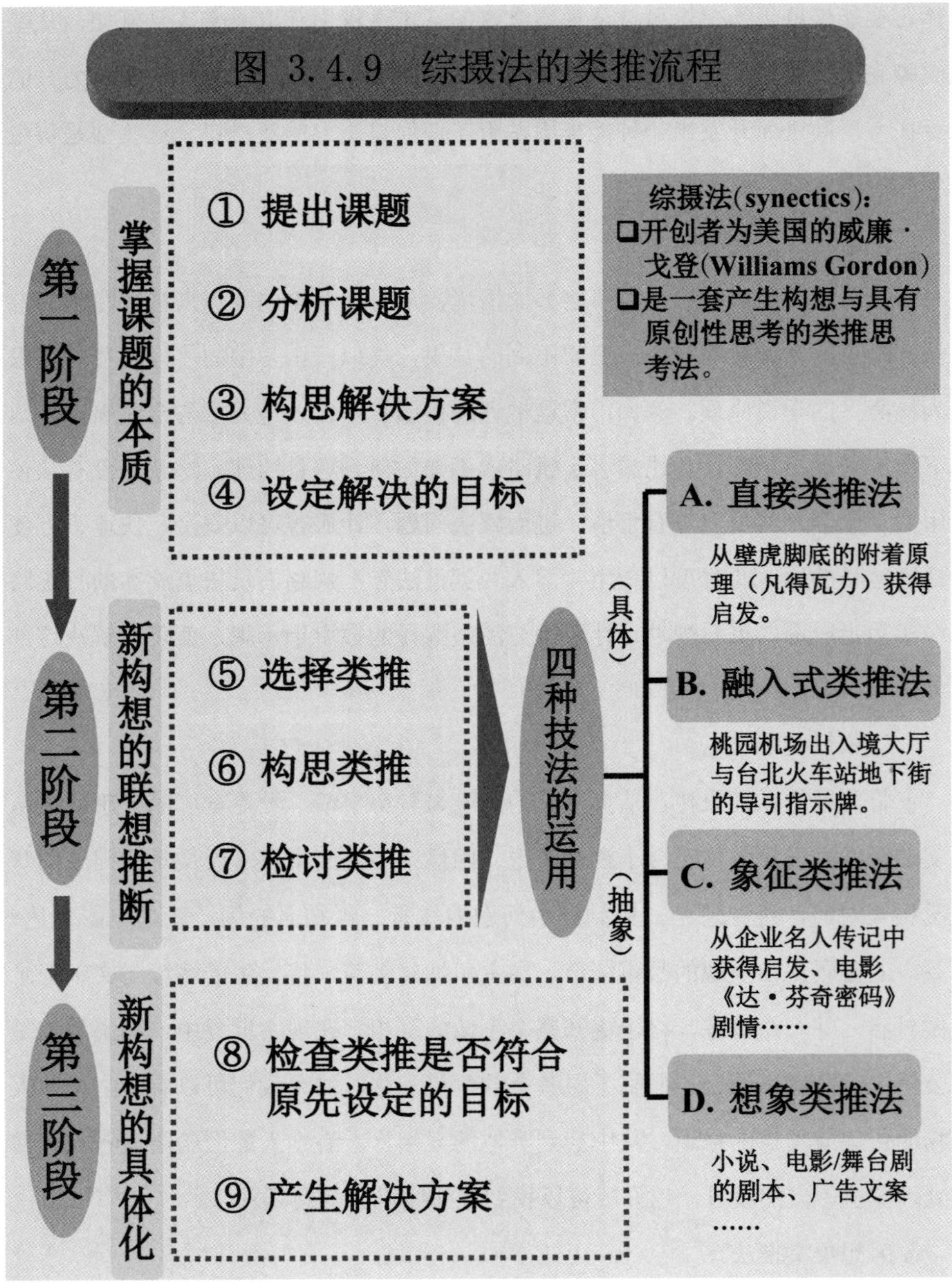
图 3.4.9 综摄法的类推流程
综摄法(synectics)：
□开创者为美国的威廉·戈登(Williams Gordon)
□是一套产生构想与具有原创性思考的类推思考法。
第一阶段
掌握课题的本质
① 提出课题
② 分析课题
③ 构思解决方案
④ 设定解决的目标
第二阶段
新构想的联想推断
⑤ 选择类推
⑥ 构思类推
⑦ 检讨类推
四种技法的运用
（具体）
（抽象）
A. 直接类推法
从壁虎脚底的附着原理（凡得瓦力）获得启发。
B. 融入式类推法
桃园机场出入境大厅与台北火车站地下街的导引指示牌。
C. 象征类推法
从企业名人传记中获得启发、电影《达·芬奇密码》剧情……
D. 想象类推法
小说、电影/舞台剧的剧本、广告文案……
第三阶段
新构想的具体化
⑧ 检查类推是否符合原先设定的目标
⑨ 产生解决方案

渐进；也可以用跳跃式的想法，产生新的构想，在文创产业常常可以看到这种手法的运用。写小说、电影或舞台剧的剧本，甚至一句撼动人心的广告文案，都需要让自己的想象力尽情奔驰，没有极限。从教育的观点来看，有时候，一个问题不会只有一个答案，它可以有不同的解答方法，并不是只有单一的标准答案可供参考。

◎联想——NM法（见P46NM法）

另一个类似综摄法的类推思考，就是前面有介绍过的NM法（相对于KJ法而言）。它是日本的创造工学研究所所长中山正和教授将综摄法加以改良而来的，使联想的步骤更加明确。而NM法也较综摄法在使用上更为普遍，我们可以将两者做相互对照与参考。

6. 减少思考阻碍的邓克尔图解法

邓克尔图解法（Duncker Diagram）中的“邓克尔”是人名，指的是德国心理学家卡尔·邓克尔（Karl Duncker）。他提出一套从认知心理学的角度来解决问题的创意思考方法。就一般职场上班族而言，这套思考方法并不算困难，难的是要在思考过程中排除思考上的阻碍，也就是成见（既定想法）与惯性思考（得出标准答案）两个老毛病，以提升解决问题的创意与效率，这是邓克尔图解法的一大特色。

◎排除成见与惯性思考的阻碍

既有的成见与惯性思考往往是孪生兄弟，彼此相互影响，在人的脑海中形成更加坚固的堡垒，破坏人的创造力，很难从解决问题的高度来看待事情，进而解决问题。尤其是当大多数人抱持既有的想法参加会议，很容易陷入“集体性思维与迷思”；虽然很快得出结论，但还是无法真正解决问题，最后变成坐以待毙，这是国家与企业的最大梦魇。例如，当新加坡面临发展危机时，从国家战略的角度，将原本以金融观光为核心的国家定位转型为以博弈为主的定位，并在2010年的第一季交出了醒目的成绩。又例如，台湾的制造业一直以“代工”的角色追求低成本，低成本的重要考虑来自低工资。因此，过去20年，台湾以“产业外移”至大陆来逃避企业的“转型与升级”；一旦大陆的工资上涨，又将工厂迁至更内陆的地区或其他东南亚国家，形成全球相当罕见的一群“游牧民族型”企业。这是集体性的惯性思考（制造→代工→低成本→低工资）造成的结果。

◎思考架构与流程

现在来看看邓克尔图解法的运用。它是整合思考过程中浮现的各种想法，并从不同的角度思考问题，得到数个可能的策略方向后，再依此方向，加入企业已有的知识或具创意性与启发性的思考素材，发展出数个策略方案。每个策略方案的下面又会发展出数个具体化的执行方案，再依企业本身的资源与实力，圈选出最有可能被执行的执行方案，最后是拟订详细的执行方案以解决问题。简单地说，邓克尔图解法类似从上而下、垂直发展的树形图，共有6个阶段的思考流程，分别为提出问题、发展策略方向、思考策略方案、描述执行方案、选择执行方案与拟订执行方案。现说明如下。

① 提出问题

在混沌不明的情况中，辨识出问题所在是关键的第一步，接下来是理解问题的本质，思考的角度可用目前状态、理想状态与达到理想状态的方法等3个步骤来理解，以便为接下来的“发展策略方向”做准备。

② 发展策略方向

在这个阶段，一方面你要改变思考问题的角度，另一方面，你要极力摆脱既有的成见与惯性思考的方式，才能提出一种具创新性的指导方针。这个指导方针可以让你达到步骤①的理想状态，千万要避免人云亦云的做法。例如，当公司面临亏损时，为了弥平亏损，大家习以为常并都有样学样的第一个制式反应就是裁员。有时还不了解亏损背后的原因就先采取这样的手段，属于倒果为因的做法，因为造成公司亏损的原因往往错综复杂，需要更深入地分析与了解，才能找到病因，对症下药。

③ 思考策略方案

这是依据前面的策略方向想出来的解决问题的方案，先不要去想现有资源上的限制，而是要想："这样做是不是就能解决问题？"在这样的基础上，每个策略方向最好能延伸出2～3个具体的策略方案（1个太少，3个以上不易聚焦），并以1,000字以内的精准明确语句描述方案内容。

④ 描述执行方案

由策略方案延伸而来，每个策略方案再设想出2～3个执行方案，这是将步骤②的策略方向加以落实的具体化"说明书"。而每个执行方案仅需以重点式的描述文字说明即可，还不需要到详细的计划书/企划书的层次，等到选定所要的执行方案后，再撰写成计划书/企划书即可。

⑤ 选择执行方案

这一步骤就要开始考虑公司资源与外部环境上的限制。例如，研发、人力、预算、消费趋势等实际情况，先采用删除法来排除有执行困难的方案，再从创新与效率的角度评选剩余的执行方案，从中挑选1～2个最佳的执行方案（如果是两个执行方案，代表它们分属不同的策略方案，每个策略方案应当只有一个执行方案），并以粗线圈或不同颜色的底色加以标示。

⑥ 拟订执行方案

将所选定的执行方案落实为详细的计划书/企划书。

我们可以看得出来，邓克尔图解法是一套先放再缩的思考流程，步骤②～④类似NM法的扩大联想，步骤⑤则类似KJ法的聚焦手法，让我们回归到现

图 3.4.10 邓克尔图解法的思考流程

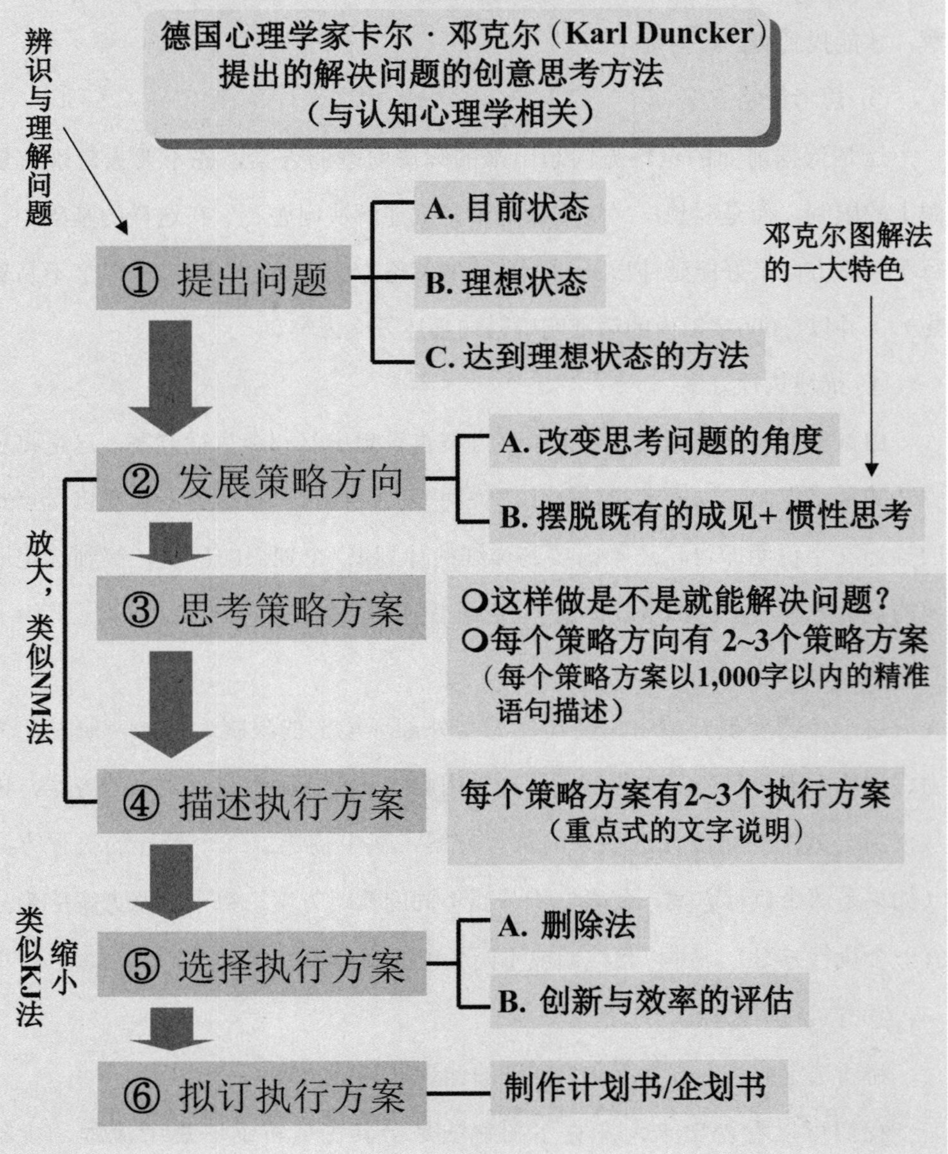

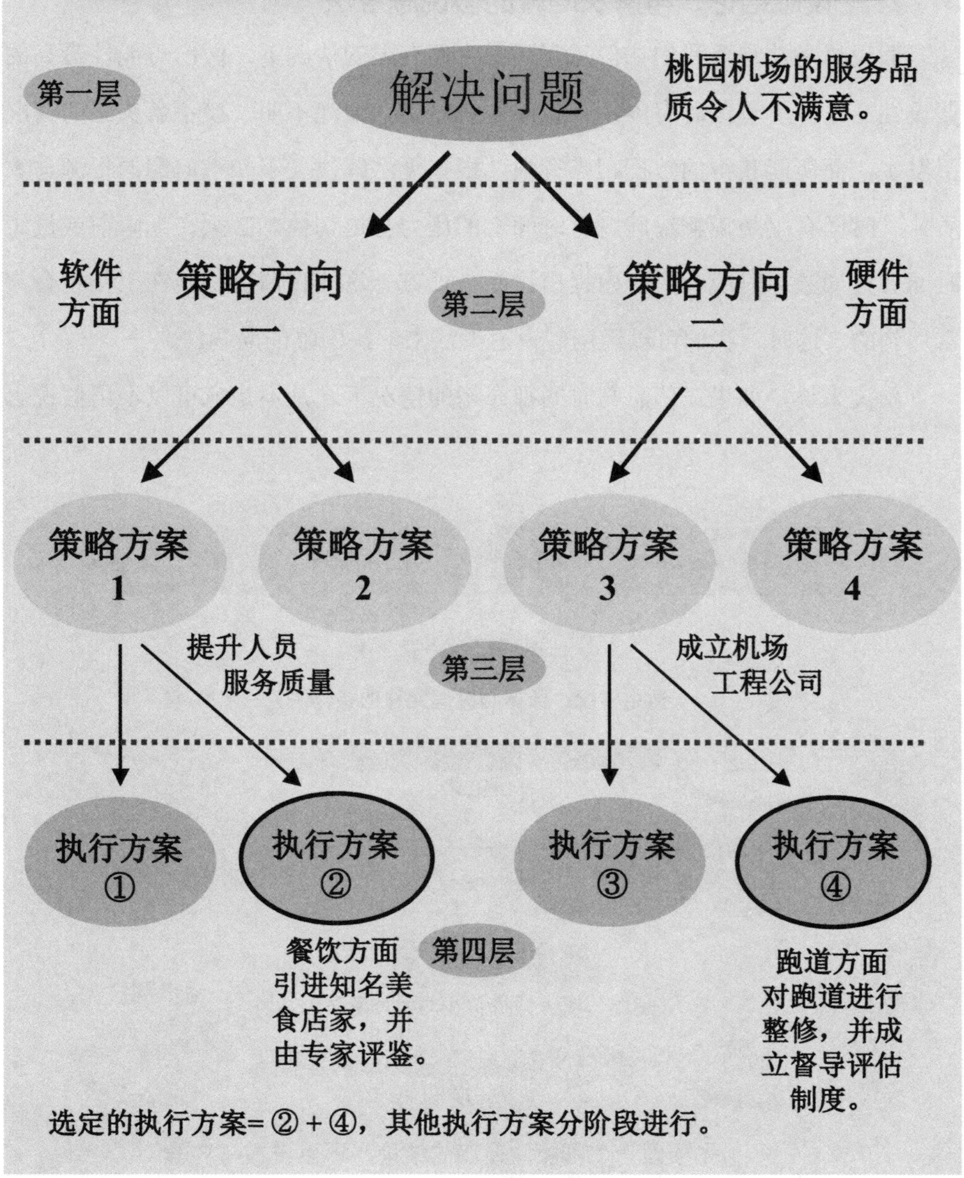

图 3.4.11　邓克尔图解法的四层树形图结构

实层面，也就是先发展数条思考轴线（策略方向与方案），再逐渐评估、缩小范围，最后选定执行方案。

7. 先设想结论，再解决问题的假说思考法

假说思考法是要我们在信息有限与时间有限的情况下，做出可能性最高的假设性结论。所谓信息有限，是说问题有时是在混沌不明、摸不着头绪的情况下发生，而所能获得的数据相当有限，根本无法解决（不知道问题的根源与本质）；时间有限是说解决问题有时间上的压力与迫切性，必须在期限前或最短时间（比如数小时或一天）内提出诊断与处方。这两种情况都是在工作上会常常遇到的。这时，我们可以运用假说思考法来解决面临的问题。

反过来说，如果在信息与时间都充裕的情况下，是不是就可以不用假说思

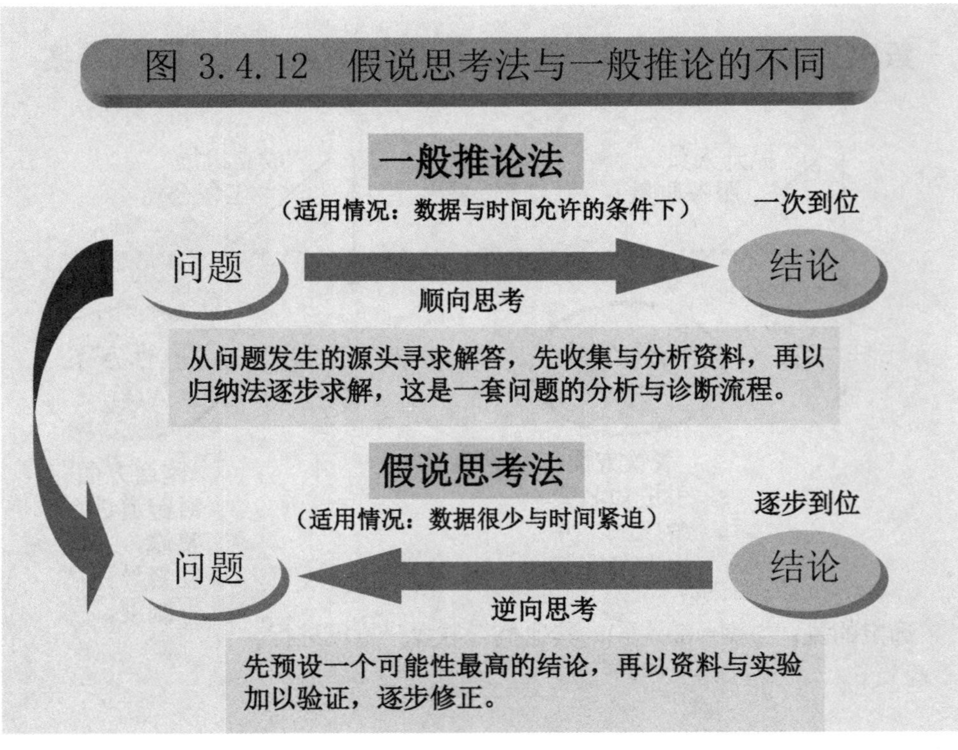

考法，让我们能好整以暇、按部就班地进行资料收集与分析，再依据发现的线索与证据提出解决问题的结论呢？偏偏现实世界都不是这么完美。依据我的经验，通常工作上所遇到的问题，包括从客户端抛出来的问题，都是接二连三地发生，让人根本没有蹲好马步的准备时间。如果遇到百年难得一见的大事件发生，像是类似“墨菲定律”（最不可能发生的事情还是发生了），或是“蝴蝶效应”（一只在巴西的亚马孙河流域的蝴蝶，只不过轻拍一下翅膀，经由气流的传递与扩大效应，最后形成美国德州的一个超级龙卷风）的事件，更会让人忙得人仰马翻、疲于奔命。这就是假说思考法存在的价值。

我们一般都会从事物的起点去找问题的解答，再以归纳的方式得到结论。例如，美国生物学家从现场的勘察与记录中得到以下的发现：危害美国当地原生鱼种的外来鲤鱼已经不只是在原先的密西西比河流域活动，而是往五大湖区扩散，并进一步往注入五大湖区的各河流的上游移动。这是典型的归纳法运用范例。但更多时候，我们在寻找原因的过程中，往往都是大海捞针、漫无目标地搜寻，这是只凭运气、没有效率的做法，最后是一事无成，白白浪费时间。

因此，如果改变思考的路径，不要由起点去思考，先去找数据，而改从后面先预设一个结论出来，再慢慢修正，反而是一个比较实际的做法。

◎思考原理与步骤

假说思考法并非提出假设性的结论就没事了，还要进行后续的沙盘推断，包括执行假设、验证假设与修正假设在内，全部流程共有以下的5个步骤。

① 进行观察与分析

这是提出假设前的关键性动作，如果没有这一动作就提出假设，只是信口开河罢了，无法以理服人。注意问题产生的背景（比如时空环境）所透露的一些信息或线索，并尝试从收集来的一些佐证数据（文字描述或数字数据）先行验证自己的初步想法与推论。

② 提出假设性的结论

这是一段“论述”的说理过程，如有必要，可再进一步研究或收集详细的资料强化自己的推论。只要这一步骤做得扎实，后面只要将结论完整保留或进行微调即可，不会发生太大程度的调整。

我们可能会担心自己力不从心，提不出任何假设性的结论——不用太担心，凭借自己多年工作的专业经验与直觉反应，面临问题时，不管这个问题自己熟不熟悉，都应当会有自己的一套看法与心得。

③ 执行假设

依据前面的假设性结论，开始执行这些结论做验证。为了保险起见，预防全面执行带来的一些危害与意想不到的结果，政府或企业有时采用小范围（缩小区域或缩短时间）的试行计划。例如，美食街完工后先试运营一段时间，依运营的实际情况进行检验并做出调整，再择日正式全面运营。

④ 验证假设

依据执行假设的结果，进行检查与分析。

⑤ 确立假设或修正假设

如果执行假设的结果与原先步骤②的假设性结论吻合，就可以确立假设的正确性，否则，就要从步骤⑤（修正假设）、③（执行假设）到④（验证假设）开始循环的过程（回路），不断进行微调，直到与实际情况相符，得出令人信服的结论为止（确立假设）。

在这一套思考过程中，要记住一个大原则，就是胡适曾经讲过的“大胆地假设，小心地求证”这10字箴言，任何的假设都要有强力的证据支持，否则都是空谈。

◎高强度思考带来的好处

假说思考法同样属于一种逆向思考的技巧。不同的是，由于时间与数据受

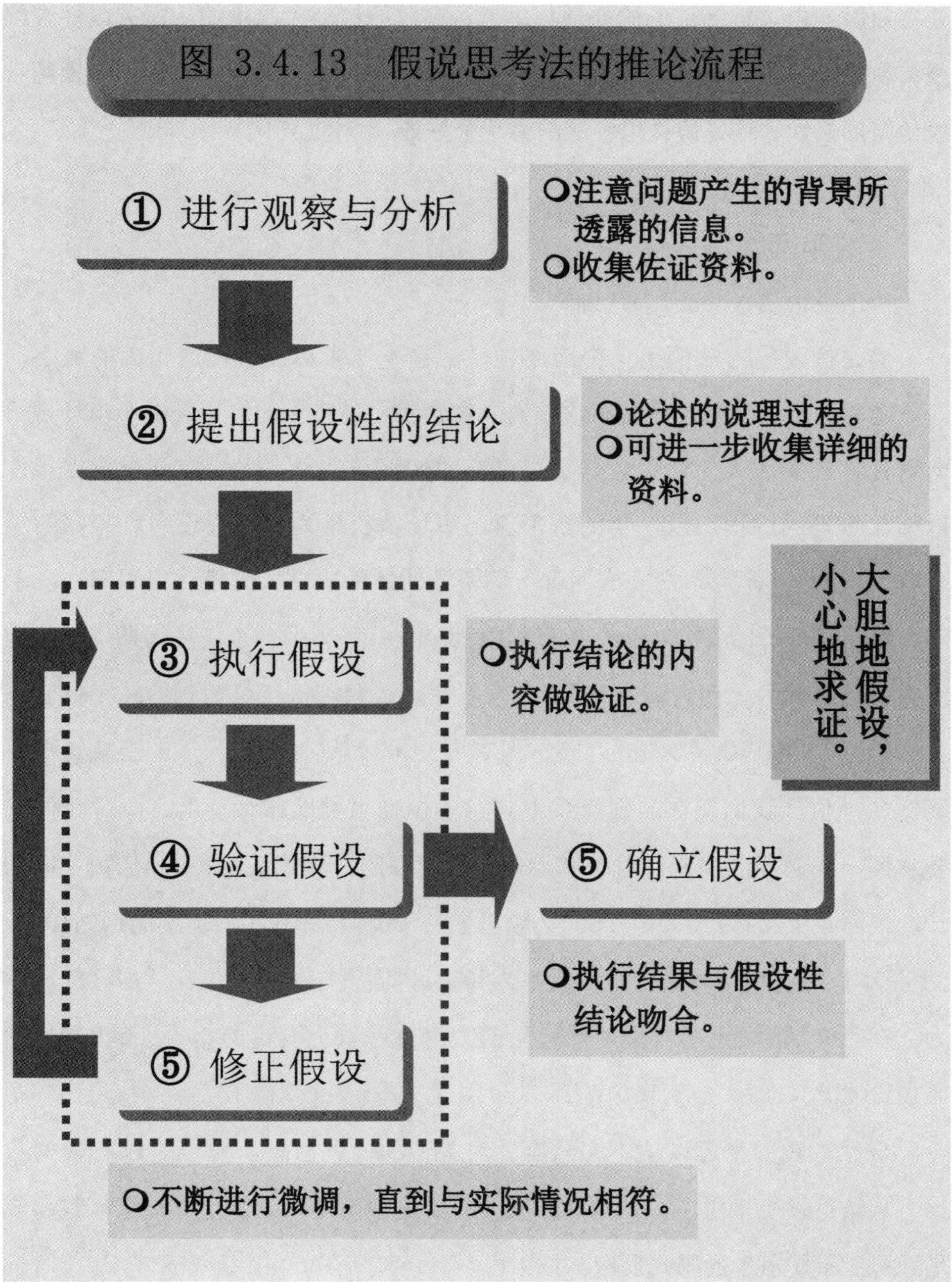
图 3.4.13　假说思考法的推论流程
① 进行观察与分析
注意问题产生的背景所透露的信息。
收集佐证资料。
② 提出假设性的结论
论述的说理过程。
可进一步收集详细的资料。
大胆地假设，小心地求证。
③ 执行假设
执行结论的内容做验证。
④ 验证假设
⑤ 确立假设
执行结果与假设性结论吻合。
⑤ 修正假设
不断进行微调，直到与实际情况相符。

到压缩，导致我们必须强迫自己进行“高强度”的密集思考演练。我们的大脑要在短时间内进行多任务的处理与思考，有时能启动大脑中的一颗关键性螺丝或齿轮，激发出内在潜能，让我们获得不同于别人的非凡见解与认识，推翻一般传统的认知。这是假说思考法的另一个好处。

◎应用领域

费米推论法（Fermi estimate）

这是假说思考法的另一个应用领域。它不要求标准答案或正确的数字，而是考验人们的逻辑推理与组织能力。在营销上最常见的运用是关于市场规模的估计，它要求人们活用自己手边已有的知识与信息，先设定几个前提条件以简化推理的过程。以一年的轿车新车市场销售量为例，假设所有家庭的轿车普及率为45%，每一户家庭拥有一辆轿车的条件成立（先排除出租车、二手车、第二辆车等因素），新车保有年限为5年（以5年为一个淘汰周期，每年的淘汰数量相同），而台湾有600万户家庭，那么台湾每年可销售的轿车量就有［600万（家庭户数）×45%（轿车保有率）×1/5（淘汰率）］54万辆轿车。又例如，估计我们所在的银河系中共有多少颗“类地球行星”。此时我们只要掌握一些必要的变量即可求解。假设银河系的恒星颗数为1,000亿颗（据估计，银河系中约有1,000～2,000亿颗恒星），类似太阳的G型恒星比例为10%，G型星中，拥有地球等级行星的概率为20%，再假设这些行星位在适居区的概率为50%，那么银河系中，类地球行星的数量就是以上变量的相乘（1,000亿颗×10%×20%×50%），为10亿颗。

当然，我们也可以从不同角度针对类似的问题求解。重点是以有限的数据，从结论设想来思考，否则，一般人看到这种问题，一定是不知从何答起或是回答“不知道”的制式反应。

（见P87《改变问题的问法，寻求解答》）

第四章

运用“三图一表”分析事物与解决问题

◎“三图一表”的意义

前面所说的图解思考法都属于固定式的图解思考法，是一种有理论与步骤的推演型格式，另外，还有非固定式的图解思考法，这里提出四种最常用的图表，就是解构事物或阐明因果关系的关联图、可说明相对位置概念的分布图、呈现竞争态势的十字定位图与排序或列表模式的表格。现在针对这4种图表进行说明。

（以下的部分内容出自笔者所著的《图解提案学》一书。）

一、关联图的意义与制作技巧

关联图又称为关系图或概念式图解，在前面的第三章《图解思考的工具应用篇》中《与问题的厘清相关的思考方法》的流程图法中简单提到过，现在做详细说明。

关联图在提案企划书或商业类书籍/杂志等平面出版品中相当常见，尤其是翻译自日本经营企划类的图解书籍，就常见这种图解技术的运用。简言之，关联图为一种具有流程与因果关系的图解技术，它是运用内含文字的几何图形所形成的图框与箭号/线条的搭配组合来清楚呈现事件的脉络与发展过程，或是问题的解决对策。例如，A产品提升质量合格率的改善方案、国际油价上涨的连锁影响等，都可运用可视化的关联图式图解取代文字性的长篇大论，是一种相当实用的表达与沟通工具。另一方面，多运用关联图的绘制技术也可训练逻辑思考能力，活化我们的脑力。

关联图在概念上与质量管理（Quality Control）中的流程图（Flow Chart）类似，共有3个组成要素：文字、几何图形（文字的载体）与箭号/线条符号。若有需要，也可在相关的图形旁加上辅助性的说明文字，它的制作流程共有5个步骤：

1. 找出文章的架构（Structure）

我们必须能一眼看穿文章结构的脉络与因果关系，方法是详读完整篇文章后，将文章分为若干区块，厘清区块之间的从属关系，再去检视各区块中的内容是否存在结构关系。区块未必和文章的段落一致，有时遇到文章的内容过于混乱，建议以KJ法的技巧重新整理内容，即将属性相同的文句串联在一起，形成区块，并赋予该区块一个命名（标题），如此逐步完成整体的拼图工作。这将考验我们的文章分析能力。

2. 先处理数据性与图像化相关的数据

如果文章中的内容有数据类的资料，又和文章架构明显相关，就先处理这部分的资料，做成统计图或表格。如果文章中还有一些可以串联、具有图像化概念的文字，请先将它图像化。例如，十字定位图、地理位置概念的分布图、具有起点的X、Y轴分布图等。先将以上数据处理完后，剩下的文字才是要绘制关联图的素材。

3. 抓住关键文字

当我们已经找出文章的架构，也已经排除图像化的数据，这时就会在架构中发现一些关键（重点）文字（Key Words），支撑并串联起整篇文章。这些关键文字可能会重复出现（比如时间管理）。接下来，我们必须将这些重点文字挑出来，准备进行图解化。

4. 以关键文字绘制关联图

当我们找出所有关键文字后，接着要厘清这些文字之间的逻辑关系，再用线条（平行关系）与箭号（因果关系）等工具符号，连接这些关键文字。注意版面的大小（面积）及形式（直式或横式）等因素，它们将会影响图框的（文字+几何图形）大小与摆放位置。

5. 做美编加工

做完关键文字的图解化后，若没有做最后一个步骤的可视化工作，整体图解的价值还是归零，也就是图解本身缺乏与人沟通的传达力。这是一般人最容易忽视的地方。只有进行最后的可视化美编，才能将整体的图解价值完美呈现出来。

进行关联图的美编修饰须注意以下三件事。

A. 版面大小

在计算机屏幕上展开的版面（底布）形式（直式或横式）与大小（尺寸），会影响所有文字与图形符号的大小设定，因为最终打印出来的图解作品，都无法逃脱人们在阅读上的视觉范围的限制。

B. 文字

注意字体/字形与大小/颜色的设定。

C. 整体色系

图框与符号的颜色须能与背景颜色（底色）搭配，不协调的色系搭配会造成视觉上的负担。

以上的第三与第四个步骤为图解化的作业流程，最后的第五个步骤则是可视化的制作技巧。

只要在日常生活中，勤加练习关联图的制作技巧，比如以国内外的政治/经济新闻事件作为素材，日积月累，就会发现关联图不仅能帮助我们厘清事件中的逻辑关系，也能让我们在职场上，轻松掌握领先别人的竞争利器。

图 4.1.1 制作关联图的五个步骤

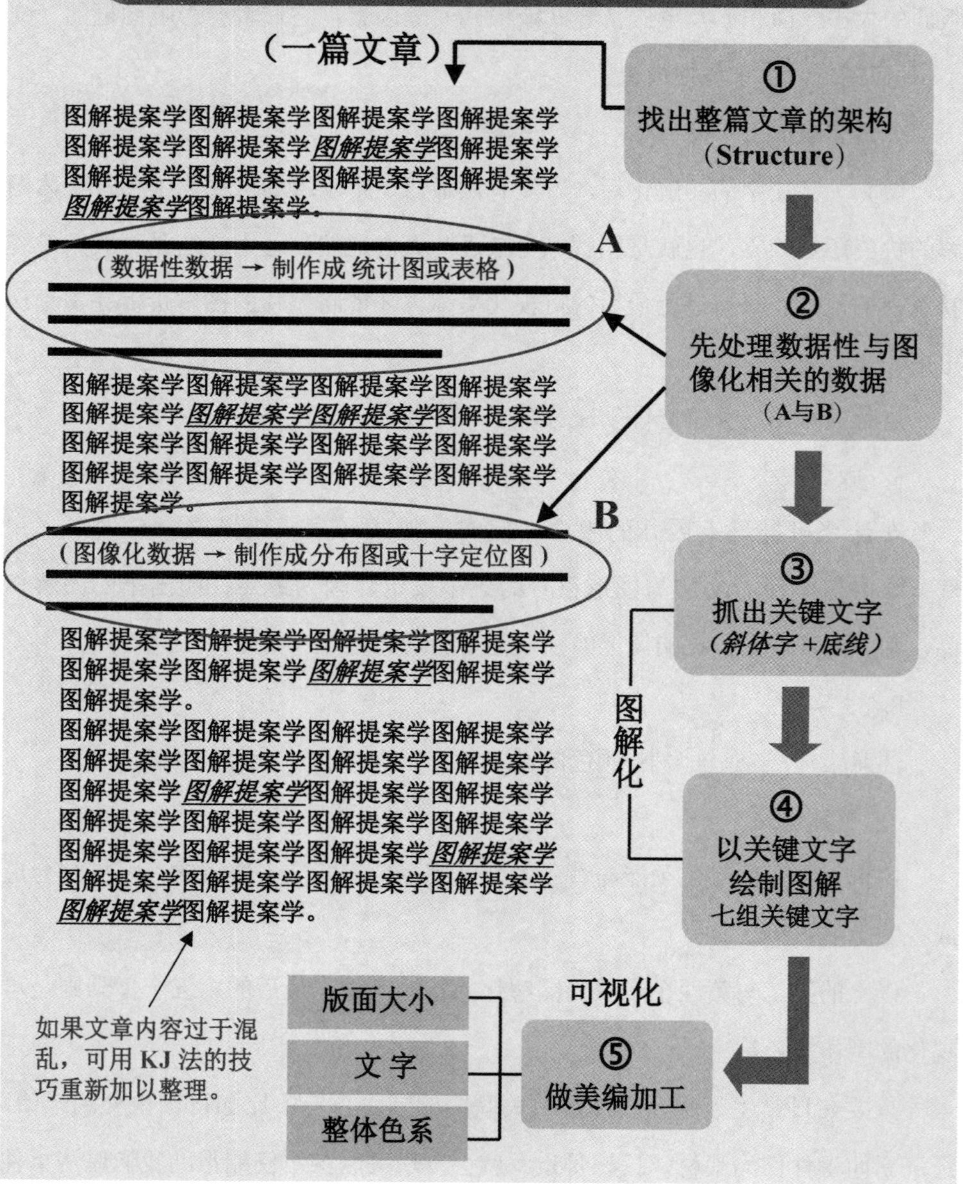

图 4.1.2　关联图范例——全球主要网络搜索引擎族谱

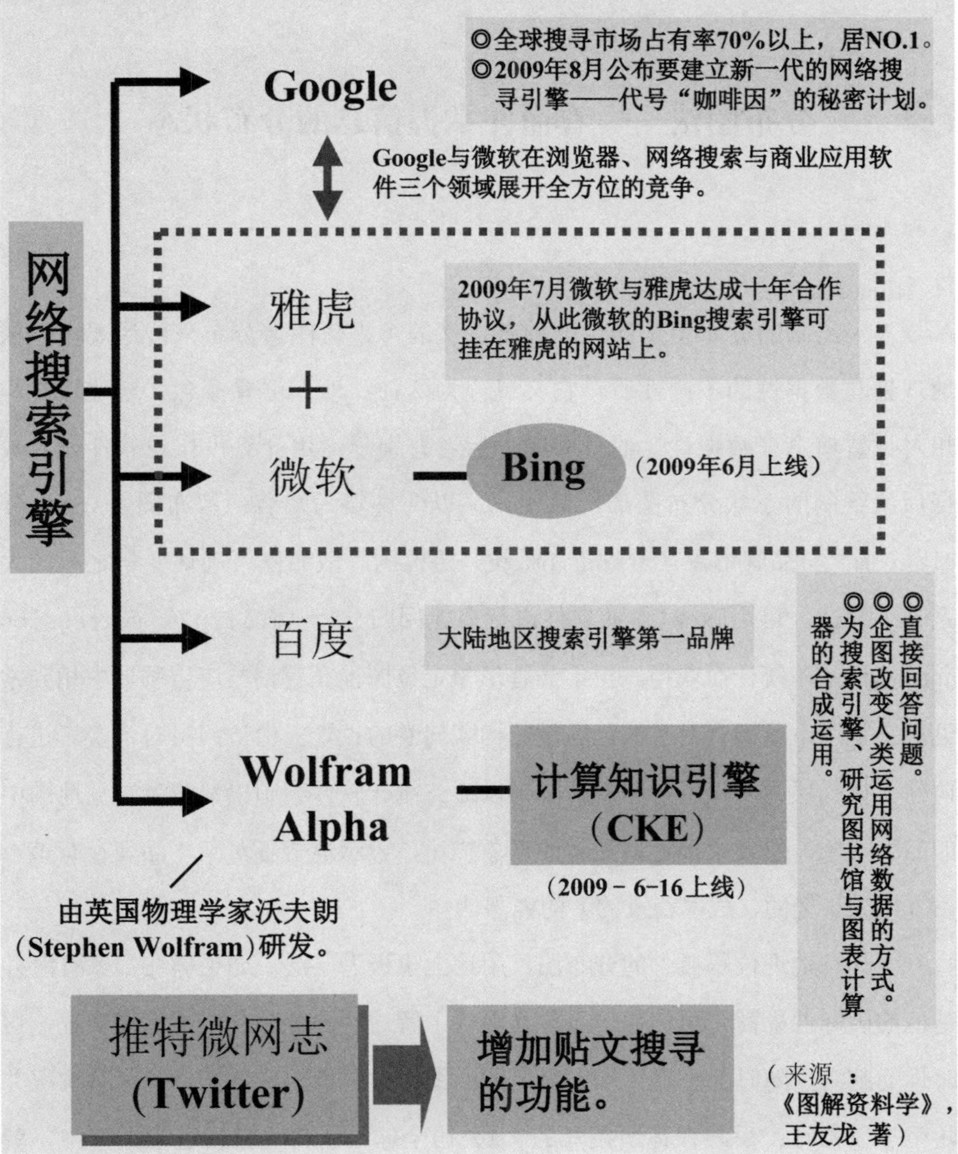

（来源：《图解资料学》，王友龙 著）

二、分布图法——看懂并掌握信息的分布状态

人工绘制的分布图是通过一种有意义的可视化图像分布来传达观点。依地理性与数据性的不同性质，它又可分为两种：地理位置概念（地理性）与相对位置概念（数据性）的分布图。后者有别于运用计算机作业软件输入数据后所绘制的点状分布图形，其中，又以两种较为知名：散布图（scatter diagram）与品牌形象（Brand Image）定位图。散布图可确认变量之间的关系是否存在，可用Excel作业软件进行多元回归分析（multiple regression analysis）的统计而获得。至于品牌形象定位图，在营销与广告领域中相当常见，它是以市场调查的手法，通过结构式问卷的设计，由访问员对消费者进行访问（执行层面），再将问卷的结果以SPSS统计软件绘制出消费者知觉地图中的品牌形象，位置愈接近该品牌的形象描述，表示消费者对某一品牌存有该形象（比如年轻的、成熟稳重的）的强烈认知。

而具有地理位置概念的分布图，用途上也极为广泛。如果你在一家有海外基地的国际性外商公司任职，而你又必须了解这些国外分公司的运作实况，这时你的脑海里随时都会有一幅世界地图的图像，呈现全球各据点的经营实况并随时加以修订；反映在你所撰写的“A公司全球经营布局分析企划案”中，就会有数幅依地理位置概念呈现的分布图，可能是以世界、某一国家或地区的分

布图来呈现，并伴随文字性或数字性数据显示你在该张图所要说明的重点（主题）。

地理位置概念的分布图不只是将地图呈现而已，提案成功的关键点在以箭头或线条拉出的说明性文字、数字或统计图表。这些数据也应该和我们在该张分布图所要说明的主题相呼应。例如，在导弹演习示意图中，既能呈现导弹的落地位置，也能呈现导弹的型号与发射日期等信息。当然，我们也可以用表格呈现这些信息，只是表格的视觉传达效果较为不足，也无法传达有关空间位置概念的信息。

日本可说是全世界在地理位置概念的分布图的制作上技术运用最为娴熟的国家，每年各大出版社（比如成美堂、昭文社）都会出版全彩页的《世界年鉴》（*The World Almanac*）及相关出版品（比如《世界地图》《世界情报地图》）。基本上，这些出版品就是一个全可视化的统计数据库。

相对于地理位置概念的分布图，就是“相对位置概念”的分布图，通常以具有起点（原点）的X轴与Y轴上的刻度来绘制象限内的数据分布（点状或带状）情况。有些情况是只有一个轴（X轴或Y轴）具有数字性的量化刻度，另一个轴则为具有排序性质的文字性项目。其中，又可分为具有“名目尺度”（nominal scale）性质的刻度（比如性别的男性/女性）与一般文字项目（比如高/中/低英文品牌名称）两种；另一种情况是X轴与Y轴都具有数字性的量化刻度，呈现的是点状（X轴与Y轴交会）分布的图像。

X轴与Y轴的起点可能是0或其他数字，这要视整体的数据而定。另外，还要注明X轴与Y轴代表的刻度单位的意义（比如表示价格的新台币“元”、表示人数的“千人”等）。

相对位置概念的分布图（一个象限）的延伸就是十字定位图（四个象限），将在下一节中加以说明。

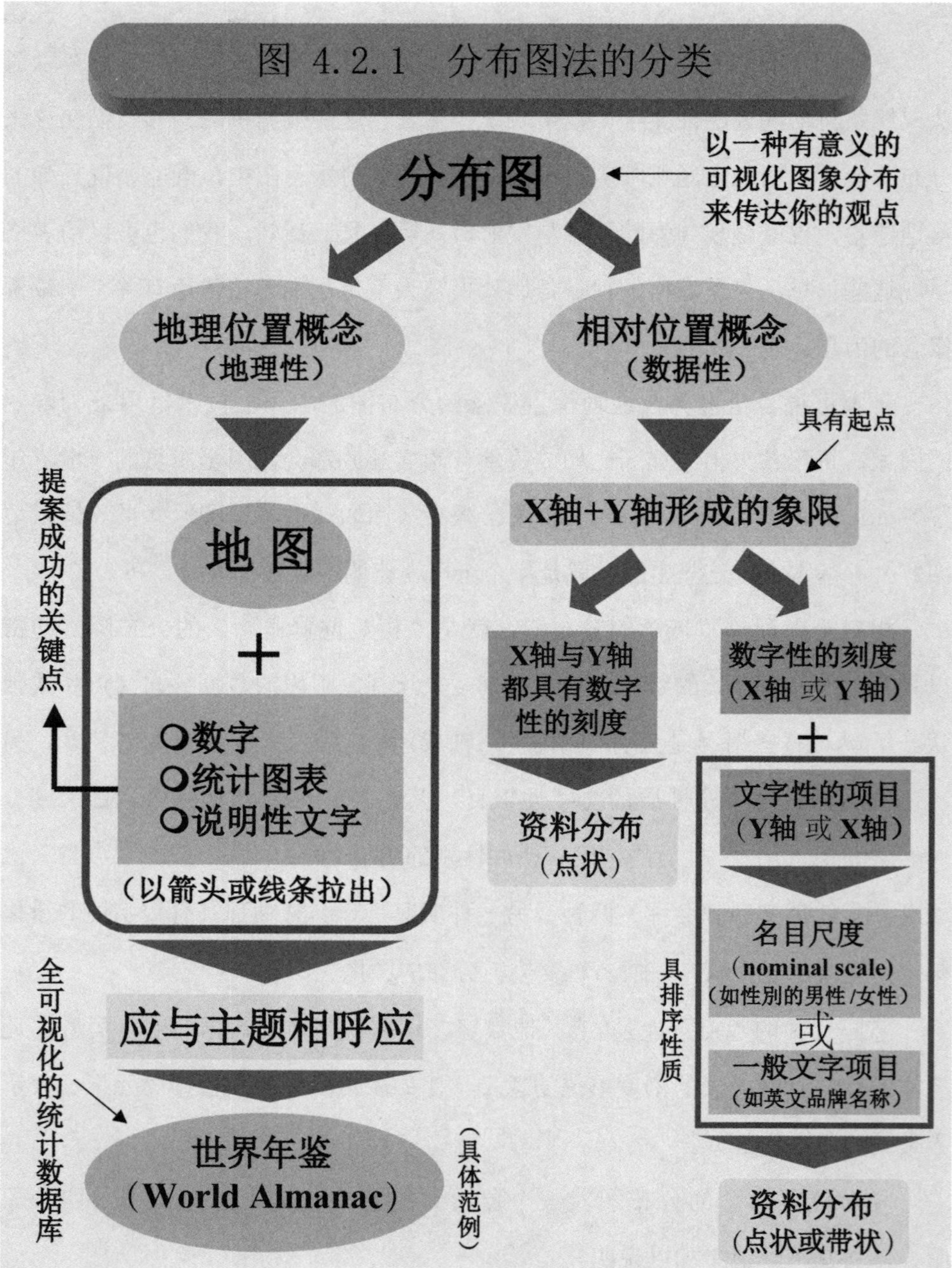

图 4.2.1 分布图法的分类
分布图
以一种有意义的可视化图象分布来传达你的观点
地理位置概念（地理性）
相对位置概念（数据性）
具有起点
地图
＋
○数字
○统计图表
○说明性文字
（以箭头或线条拉出）
提案成功的关键点
X轴+Y轴形成的象限
X轴与Y轴都具有数字性的刻度
数字性的刻度（X轴 或 Y轴）
＋
资料分布（点状）
文字性的项目（Y轴 或 X轴）
名目尺度（nominal scale）（如性别的男性/女性）
或
一般文字项目（如英文品牌名称）
具排序性质
资料分布（点状或带状）
应与主题相呼应
全可视化的统计数据库
世界年鉴（World Almanac）
（具体范例）

图 4.2.2　分布图法——相对位置概念（1）

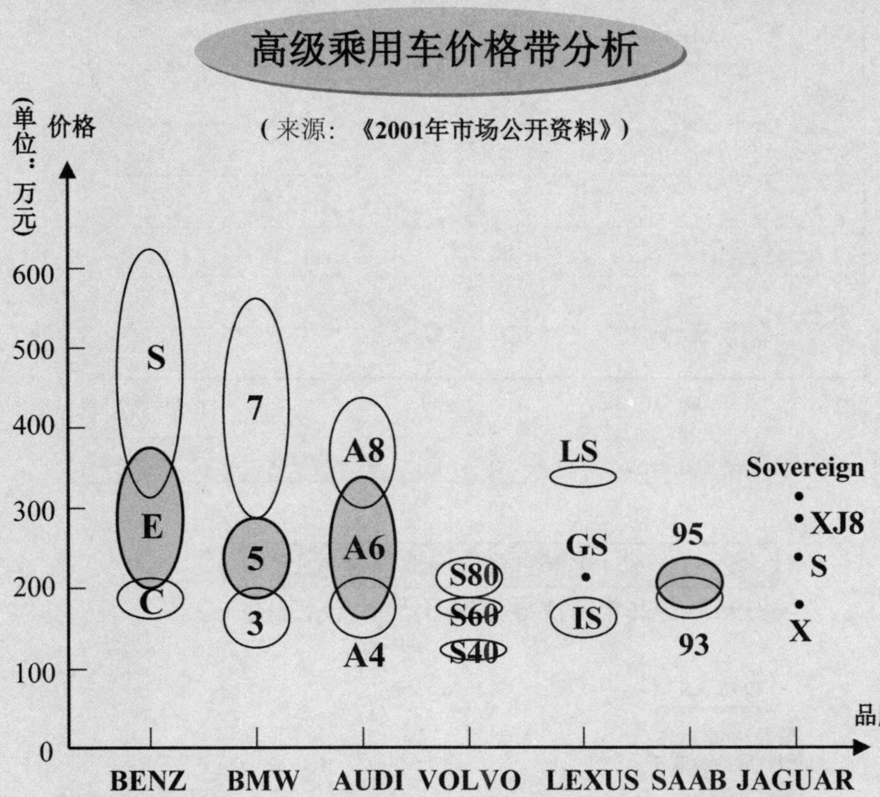

❑这是以横轴为品牌，纵轴为价格画出的高级乘用车价格区间分析图。

❑这张图是以E、5、A6与95系列为分析主体，你可用颜色做标示。

❑如果你要将这张二维的价格区间分布图复制到其它文档版式上，可依下列步骤进行：

①以shift键框住图中所有对象。

②点选屏幕左下方“绘图”工具中的“群组”功能，再复制到你想要的文件版面上。

③依据文档版式，将这张图拖曳至适当大小。

④点选“取消群组”功能，微调各对象并进行美化。

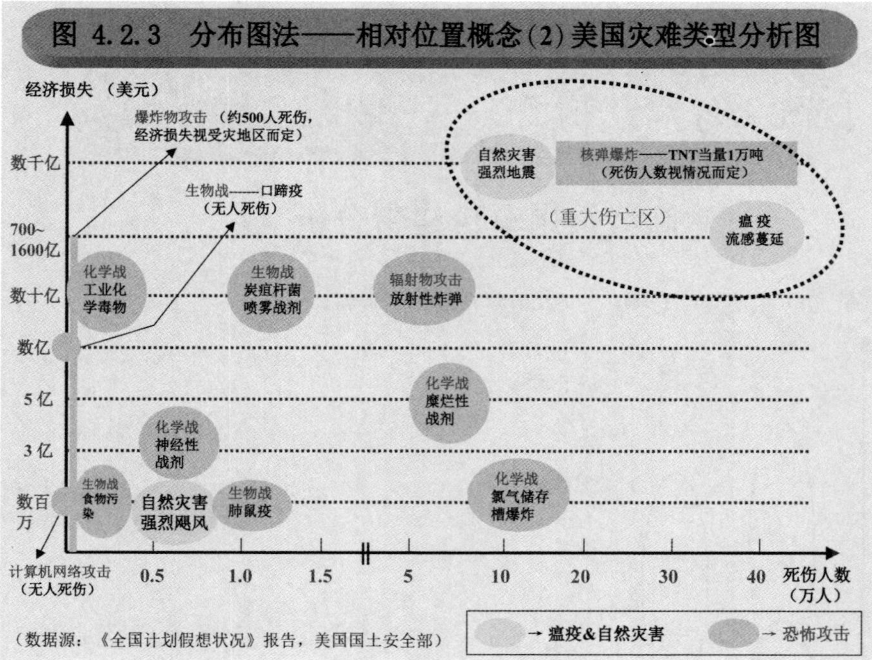
图 4.2.3 分布图法——相对位置概念(2)美国灾难类型分析图
经济损失 (美元)
数千亿
700~1600亿
数十亿
数亿
5亿
3亿
数百万
爆炸物攻击 (约500人死伤，经济损失视受灾地区而定)
生物战——口蹄疫 (无人死伤)
自然灾害 强烈地震
核弹爆炸——TNT当量1万吨 (死伤人数视情况而定)
(重大伤亡区)
瘟疫 流感蔓延
化学战 工业化学毒物
生物战 炭疽杆菌喷雾战剂
辐射物攻击 放射性炸弹
化学战 糜烂性战剂
化学战 神经性战剂
生物战 食物污染
自然灾害 强烈飓风
生物战 肺鼠疫
化学战 氯气储存槽爆炸
计算机网络攻击 (无人死伤)
0.5
1.0
1.5
5
10
20
30
40
死伤人数 (万人)
(数据源：《全国计划假想状况》报告，美国国土安全部)
→ 瘟疫&自然灾害
→ 恐怖攻击

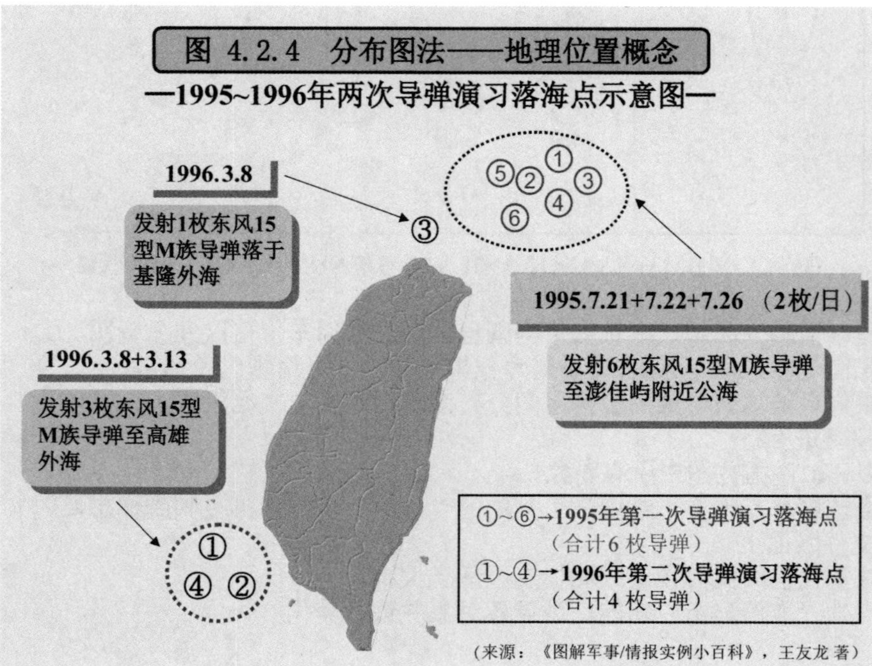
图 4.2.4 分布图法——地理位置概念
—1995~1996年两次导弹演习落海点示意图—
1996.3.8
发射1枚东风15型M族导弹落于基隆外海
③
⑤ ① ② ③ ④ ⑥
1995.7.21+7.22+7.26 (2枚/日)
发射6枚东风15型M族导弹至澎佳屿附近公海
1996.3.8+3.13
发射3枚东风15型M族导弹至高雄外海
① ④ ②
①~⑥→1995年第一次导弹演习落海点 (合计6 枚导弹)
①~④→1996年第二次导弹演习落海点 (合计4 枚导弹)
(来源：《图解军事/情报实例小百科》，王友龙 著)

三、十字定位图法——说明竞争分析的图像化工具

十字定位图法（四象限法）在提案分析的运用上十分普遍，尤其在有关“策略”（Strategy）的规划与拟定上，已成为公司内部人员一项易于上手的重要工具。

想象有一天你接到公司高层的指示，要你尽快拟定公司未来的经营走向或新产品定位的提案分析。这时你可能面临一堆来自公司其他相关部门（比如业务部、企划部、财务部）提供的庞杂的文字数据，让你不知如何处理。这时你还是必须耐心地从一堆文字数据中撷取有用的信息，最好是能找出十字定位图中，可作为垂直轴与水平轴定义的关键文字，再依这些定义画出相关的圆形或椭圆形图框（如代表不同的竞争品牌）于相对应的位置上。为了向与会人员揭示更多的信息，在同一主题下，你可能要准备2～3个十字定位图，而不是只有一个，但如果是4个以上的定位图，将导致信息混乱、关注不足的后果。因此，要制作几个（3个以内）十字定位图作为简要会议报告内容，你要在提案前预先做考虑。

我们要依事实与提案需求制作十字定位图，而事实可能来自市场调查、产品销售数字或其他层面的数据源（Source）。而要制作得快又精准，我们应该经常在日常生活中，针对某一现象或事物，随时养成二维（two-

Dimensional）的矩阵（Matrix）思考能力。例如，我们可以思考台湾KTV两大品牌——钱柜与好乐迪在价格与客户层上的不同。当别人还在用文字思考时，我们已经具有驾驭定位图的思考与说明能力，不仅能帮自己在职场上加分，也让自己更能看清问题的真相与本质，进而解决问题。

1. 如何画十字定位图——（1）定义水平轴与垂直轴

当我们已经有了平面的二维概念后，接下来，就要对能分割四象限的水平与垂直轴下定义。定义如果下得恰当，将使我们所画出的定位图有意义，即竞争产品或服务的分布状态在视觉上呈现差异化（各竞争产品或服务没有重叠或只局限在某一象限内），可以提供产品或服务在营销或研发策略上的参考。如果不是这种情况，我们必须回头检视轴线的定义是否恰当并进行修正。

有两种定义水平与垂直轴的方法，一种是描述法，即以名词或形容词来定义轴线，又分对比法与正负法。前者在同一条水平轴或垂直轴的两端，以相对应的名词或形容词定义，而这些定义与产品领域的属性密切相关。例如在乘用车（轿车）市场中，豪华型与经济型是两种对比的产品概念。而另一条轴线则可定义为与消费者相关的概念，比如“个人的”与“家庭的”。这两条轴线的四个对比定义，可以让我们非常快速地分辨目前乘用车市场上的主要车种等级，并将这些主要乘用车的品牌与车种名称放置于十字定位图中的不同象限内，这就形成了乘用车的产品定位分析图。

另一种定义水平与垂直轴的描述法为正负法，即同一条水平轴或垂直轴，以同一个名词来定义，一端为该名词的正向描述，另一端则为负向描述。比如以饮料的“口味”定义轴线，则轴线的一端为“好喝”，另一端则为“不好喝”。当然，我们也可以用一个描述词定义整条轴线，向右或向上的一端为程度较强（正向+），另一端（向左或向下）则程度较弱（负向-），比如以饮料的“口味好喝”定义水平轴，则轴的右方（+）的好喝程度较左方（-）为高，只是这种定义法在实务上较难判断。至于尺度法则是一条或两条的轴在线具有量化（数字概念）或具有排序性质的文字说明（比如高/中/低、20～29岁/30～39岁）的刻度，在企划与提案上也相当常见。

总之，十字定位图中的水平与垂直轴的定义不要过于冷门，如此则自我设限，很难将市场上的品牌（产品）归类，也不要用了错误的定义，所有的定义都应该符合该产品领域的专业认知。

2. 如何画十字定位图——（2）以箭头呈现差异化

当我们定义好水平与垂直轴两端的意义后，接下来就是将竞争者与自己的品牌（产品）放入十字定位图中的象限内，这时我们必须注意两点：

① 将所要放入的品牌（产品）图形（通常以圆形或椭圆形呈现）控制在3～6个（理想状态），因为过于繁杂的图形（7个以上），会让阅读者在解读定位图时，格外吃力，抓不住重点，因此，我们必须在所有竞争品牌中挑选主要竞争品牌放入即可。

如果我们认为所列出的十几个品牌都是主要竞争品牌或是所想要分析的项目较多，建议改以具备列表概念的“表格”来呈现，名称也许可以称为“A产品主要竞争品牌分析（一览表）”，所列出的分析项目当然会比十字定位图来得多，差别在于无法像定位图般有可视化的呈现与判读。

② 这些品牌的图框在十字定位图上的数量与分布，就形成一种“布阵”（布局）的概念，如果我们在前端的定义与主要竞争品牌的选择上没有问题，应该可以看到这些品牌会分布于3～4个象限内，而不是只局限在两个象限内，而造成信息有限，导致误判。

如果在产品的年度提案上，我们想要在定位图呈现产品在今年与未来一年的差异，就必须先调整好轴线定义与品牌的选择，接下来，将自己公司的品牌（产品）放入十字定位图的右上方，再将其他竞争品牌放入（此时总计有3～6个品牌）。这时可立即解读出一些信息，例如，在啤酒的消费者认知中，海尼根偏向年轻、具时尚感的认知，台啤属于成熟、平实的啤酒，KIRIN则介于两者之间，而消费者对A品牌啤酒的现有认知与台啤相当接近。而在2009年将运用营销资源（包括不同的TVCF表现）将A品牌啤酒提升至较具年轻与流行感的品牌。此时，我们可在十字定位图的右上方的第一象限内，放入2010年的认知定位，而将现有的消费者认知放于左下方的第三象限内，再用一个朝右上方的箭头连接这两个椭圆形图框，就可在视觉上形成差异化与品牌形象提升的效果。

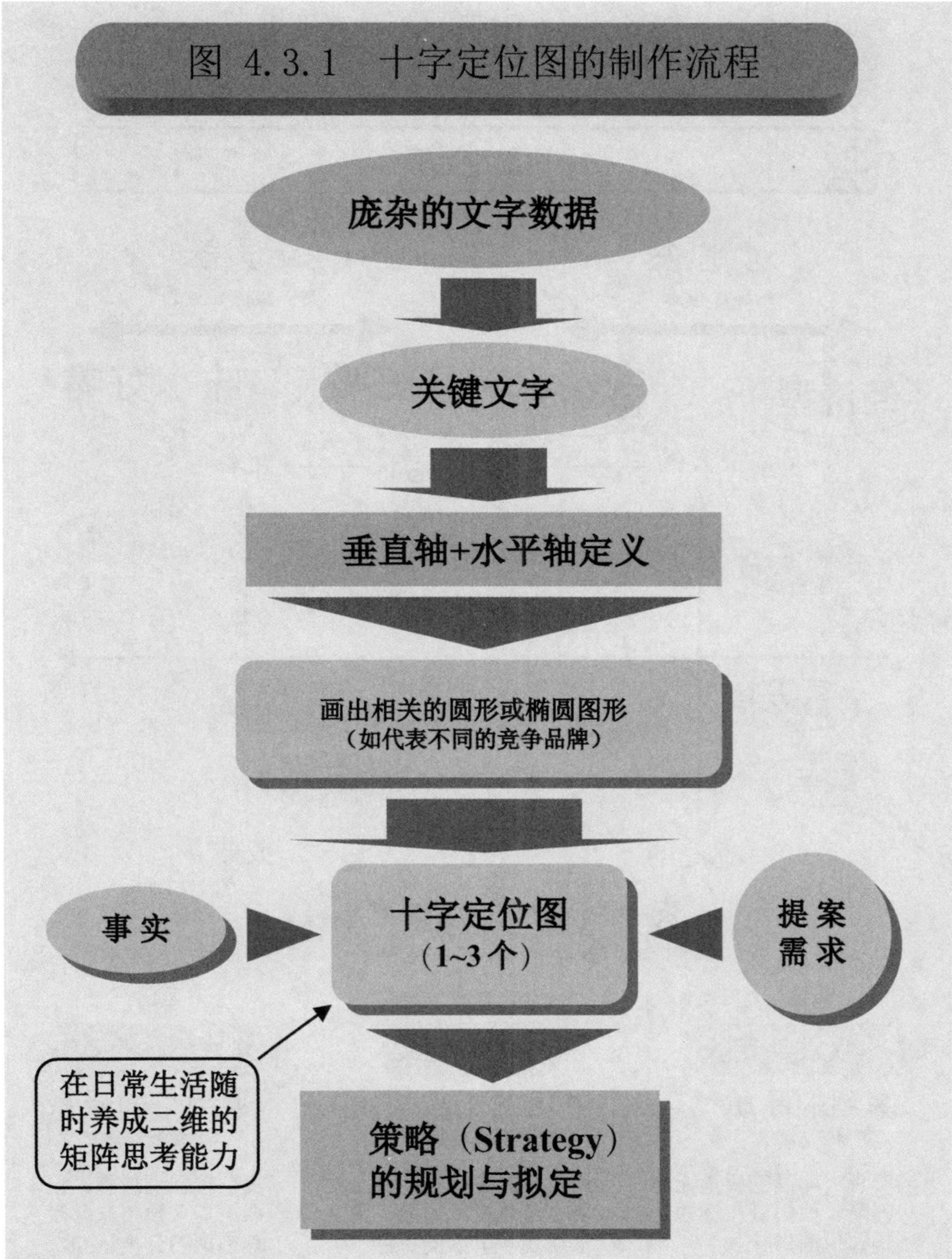
图 4.3.1　十字定位图的制作流程
庞杂的文字数据
关键文字
垂直轴+水平轴定义
画出相关的圆形或椭圆图形
（如代表不同的竞争品牌）
事实
十字定位图
（1~3 个）
提案需求
在日常生活随时养成二维的矩阵思考能力
策略（Strategy）的规划与拟定

图 4.3.2　水平轴与垂直轴的定义方法

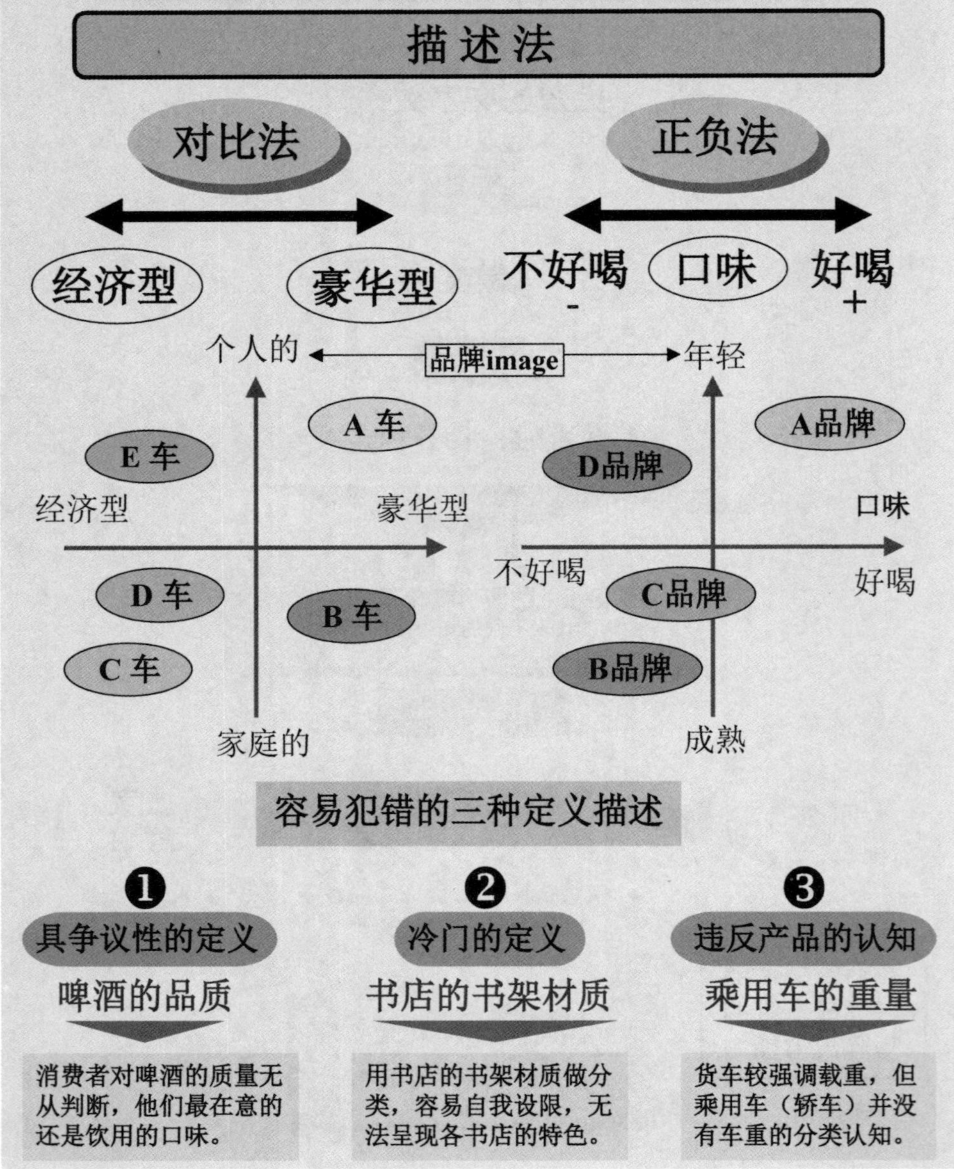

图 4.3.3 描述法范例

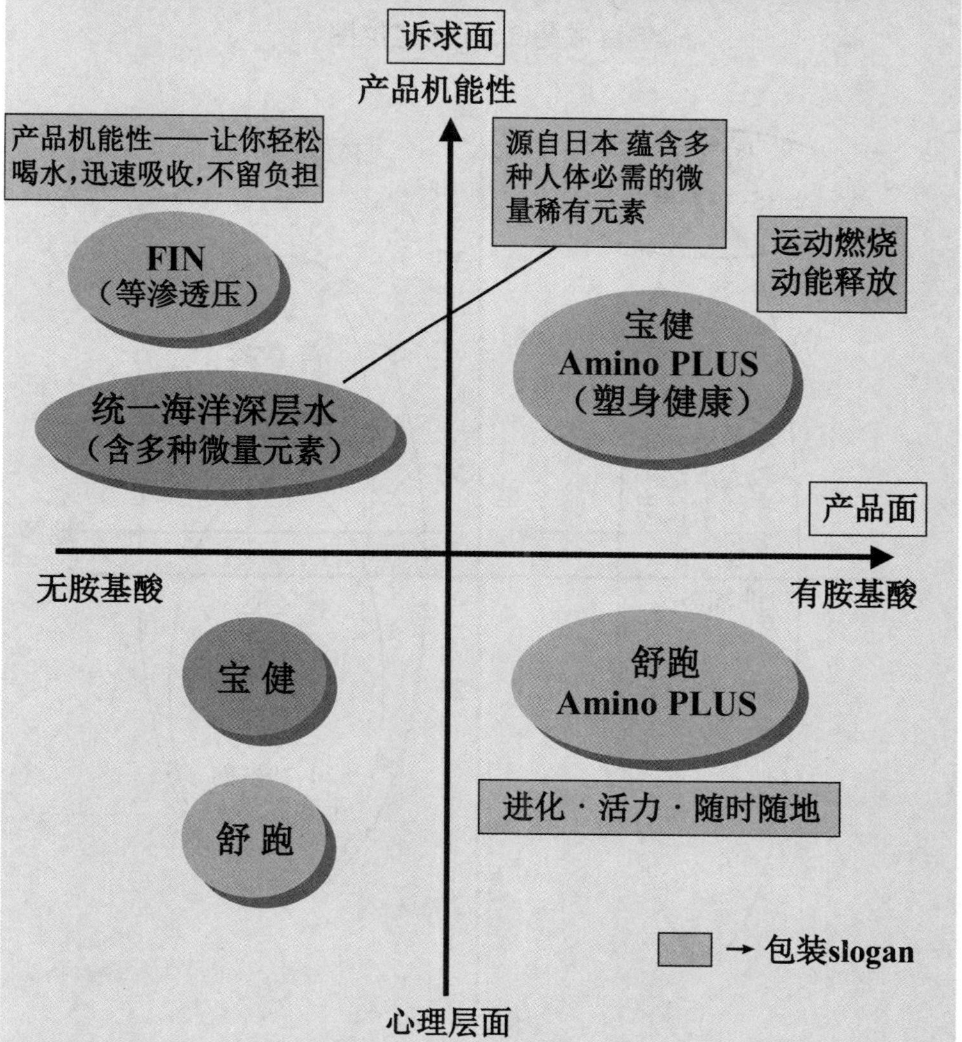

□这幅图是以产品层面与诉求层面定义XY轴，每条轴线的两端又各自有不同的定义基准，并将产品包装的slogan加注在品牌旁。

图 4.3.4 尺度法范例

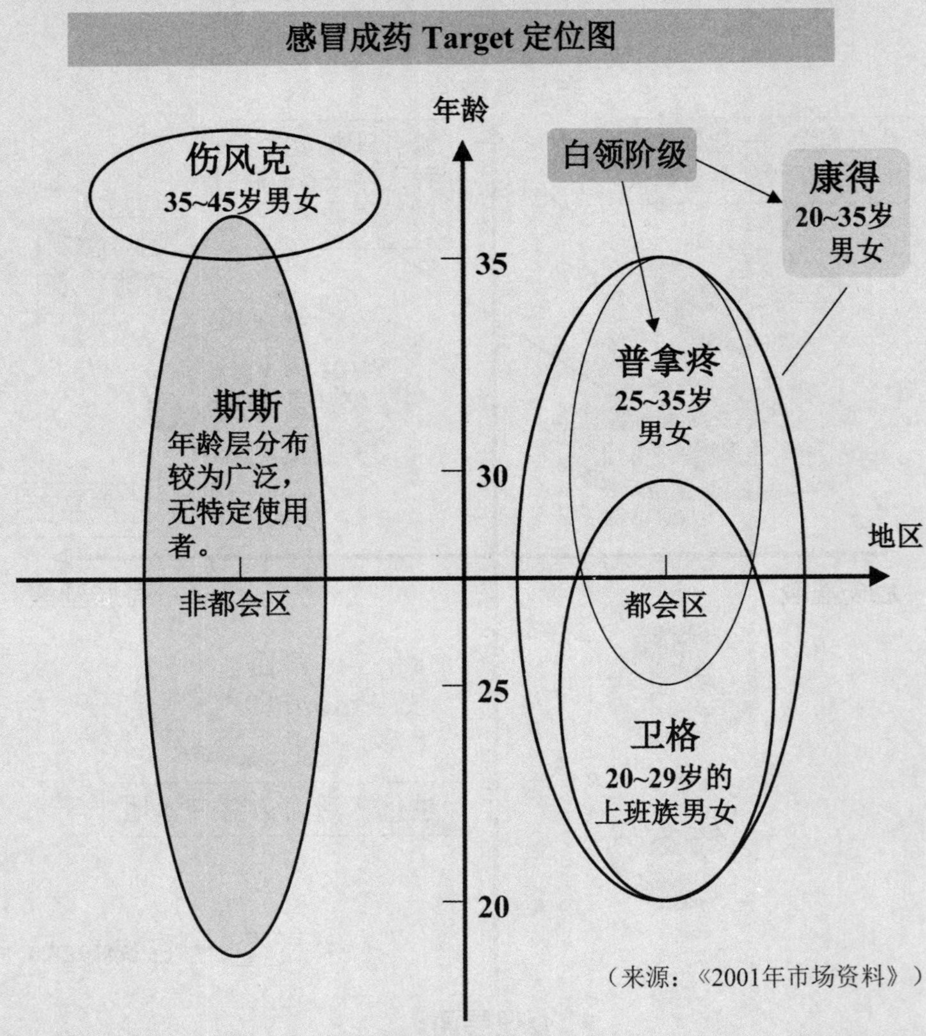

❑这幅图是以年龄（自下而上递增）为纵轴，共有四个刻度，横轴为地区，有两个刻度，形成五种感冒成药品牌的目标消费者（Target）定位图。

❑可以用不同颜色或椭圆形线条的粗细来区分品牌。

图 4.3.5　十字定位图的绘制方法

m周刊杂志的认知印象

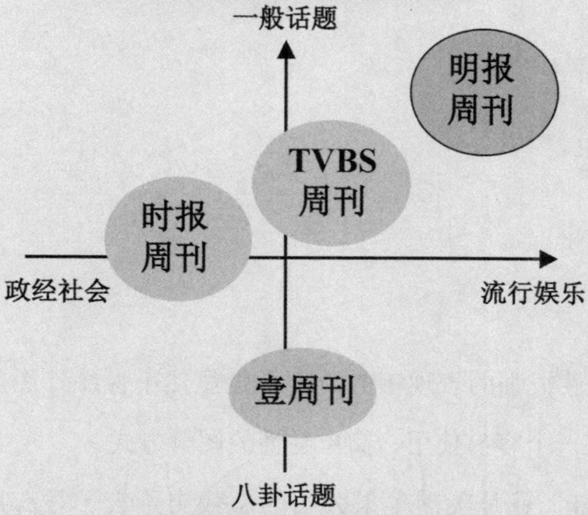

- ❑假设你是新上市的《明报周刊》企划人员。
- ❑先考量好轴线定义与品牌的选择，便于将《明报周刊》（可用不同颜色显示）放于定位图的右上方（视觉）焦点所在。
- ❑将其他周刊品牌放入，共计有四个品牌（在3~6个范围内）。
- ❑可看出与《明报周刊》属性最接近的竞争品牌为《TVBS周刊》。
- ❑可用在新产品营销策略分析的提案上。

m啤酒品牌认知分析

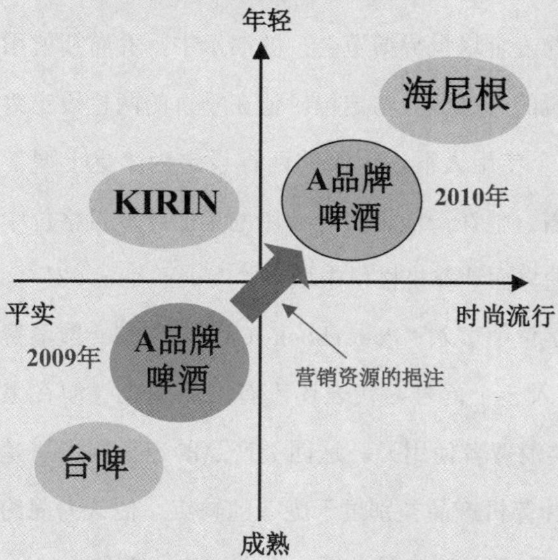

- ❑假设你是A品牌啤酒公司的企划人员。
- ❑先考量好轴线定义与品牌的选择，便于将不同年度的两个啤酒定位放于定位图的右上方与左下方位置（对角线方向）。
- ❑共计放入五个啤酒品牌。
- ❑以箭号连接2009与2010年度的A品牌啤酒，形成提升的视觉效果。
- ❑这是产品年度提案, 企图通过营销作为（含广告）改变消费者的认知。

四、表格的制作方法

表格（table）是一种延展性很强的表现工具，视觉上虽然不像统计图般具有张力效果，但基本上，它是一个容易使用、简单易懂的图解方式。

这里有一个关于表格的故事，就是美国苹果公司的总裁史蒂夫·乔布斯（Steve Jobs），他擅长运用表格这种简单的工具向与会人员做演示，传达他的产品概念。在1998年的“纽约麦金塔世界博览会”的演示中，乔布斯就用了一个2×2的表格说明苹果计算机的产品区分与定位。他在垂直的两栏设定“一般消费者”与“专业人士”两个使用人群，水平的两行设定为“桌上型”与“笔记型”两种产品类别。接着，他在一般消费者使用的桌面计算机格位中填入“iMac”，在专业人士使用的桌面计算机格位中填入“Power Mac G3”，而在专业人士使用的笔记本电脑格位中填入“Powerbook G3”，但在一般消费者使用的笔记本电脑格位中则填入一个问号，代表还没有产品发表（但在来年的1999年苹果推出iBook给这类消费者使用）。这四类产品的定位相当清楚明确，原因是要修正原有的苹果计算机产品类别过于庞杂的缺点。他认为简约与专注是同义词，只要化繁为简，就能创造容易使用、令人惊艳的产品。

表格还具有一种特性，就是可向右与向下延伸，形成一个数据庞大的方格数组，它是由垂直栏（column）×水平列（row）交叉构成的方格，可输入数字或文字。如果输入数字，表格就具有排序的功能。我们可以在第一列的项目间，选择一组数字作为排序的基准，例如，范例中的“最近使用过的头发造型用品”，就以“整体”（total）这组数字作为基准，排列在数字栏的最左方，再依“整体”的数字大小自上而下排列，也连带排列“产品类型”（主题），并将其他年龄别的数字依照“产品类型”进行排列（连动），左方第一栏即为排序数字（1、2、3……）。如此就完成排序表格的制作，接着可对细节进行编修，如方格颜色（填满）、字体粗细等。

另一方面，表格如果输入文字就具有列表/一览表的功能，可依重要性自上而下排序。例如，“国家领导人出访专机一览表”，必须先将第一列所需的信息与第一栏的国家项目等“规格”设定好，接着开始制作、输入文字；第一栏与主题直接相关，第一列的设定项目则是关键，要揭示的信息项目与程度（字数/深入度）都考验我们的数据分析与整合能力。

表格也拥有强大的储存功能，尤其在数据分析方面，这些表格通常作为企划书的附件或原始数据（如市场调查中的“计算机交叉表”）加以保存，而其中的关键数字则会被挑选出来作为提案用的表格数据。

图 4.4.1 乔布斯所用的2×2 产品定位表格
（1998年麦金塔世界博览会演示投影片）

	一般消费者	专业人士
❍桌上型		
❍笔记型		

使用人群

产品类型

	一般消费者	专业人士
❍桌上型	**iMac**	**Power Mac G3**
❍笔记型	**?**	**Powerbook G3**

1999年苹果推出 iBook，填补这个市场空缺

图 4.4.2 表格范例——最近使用过的头发造型用品(数字排序)

排名	产品类型	整体	15~19岁	20~29岁	30~39岁	40~49岁	50~59岁
1	发雕	50.3	70.0	46.7	50.8	62.5	31.3
2	定型液	32.7	27.5	26.7	41.5	35.0	43.8
3	造型胶	21.1	15.0	26.7	13.8	17.5	25.0
4	慕斯(卷发用)	16.1	7.5	20.0	21.5	7.5	18.8
	顺发露	16.1	7.5	20.0	18.5	12.5	12.5
5	发蜡	6.7	10.0	9.5	1.5	7.5	1.0
6	直发慕斯	6.2	5.0	10.5	3.1	2.5	0.0

❏注意排名是以“整体”的数字为基准，因此，“整体”一栏应放在各年龄层统计数字的最前面(左方)。

图 4.4.3 表格范例——国家领导人出访专机一览表（重要性排序）

	座驾机型	昵称	造价（美元）	领导人位阶	模式		机队数目	机队构成	备注
					专机	包机			
❏美 国	波音747-200B（空军一号）	飞行的椭圆形办公室	13.5 亿	总统	√		5	①座驾专机 ②备机 ③专用直升机运输机 ④凯迪拉克防弹座车运输机 ⑤波音客机→随行记者团	总统专机空军一号续航能力为10,000公里，可空中加油，连续飞行7天。
❏俄罗斯	伊尔96-300	飞行的宫殿	2 亿	总统	√		5	①座驾专机 ②随行代表团客机 ③防弹座车运输机 ④通信机→负责追踪记录总统专机飞行的各种参数 ⑤记者团客机	总统专机有262个座位。
❏法 国	空中巴士A-321	头号空中巴士客机	—	总统	√		5	①座驾专机 ②备机 ③小型商务机 × 2 架 ④医疗保证机	2004年10月希拉克访问中国的专机编队规格。
❏英 国	波音777	—	7 亿	首相		√	1	单架的波音777 （英国航空公司）	原皇家空军VC-10除役，已采购3 架波音777客机
❏中 国	波音747-400	—	—	国家主席	√		1	单架的波音747-400 （中国国际航空公司(Air China)） （注：国内出行时，则乘坐747-300专机。）	❏由空军飞行员组成的领导人专机大队负责飞行。

○检核表的使用方法

检核表（checklist）也是一种表格的运用方式，由于简单好用，使它成为全世界应用最广泛的记录表格，从个人、家庭、企业到军队后勤的不同层面，都看得到这张表格的使用。它最简单的面貌就是只有两栏式的表格，一栏代表的是事物项目，另一栏代表针对该项目检核过的符号记录（如○、√、×、△）。

其实我们会使用检核表，就是因为人的记忆有限，怕事情忙中出错而混淆或有挂万漏一的情形发生。因此，我们才需要使用检核表协助我们清点事物。检核表具有检查与核对的一览表概念，制作方法上有三个流程。

首先是将事物进行“集中”的动作，并反复检查是否都已齐备，是否仍有未纳进来的项目，为了达到这个目的，有时我们还需要事前先搜集数据，尤其性质较复杂的主题。例如，购买二手车辆的注意要点，除了自己的认知外，更需要多参考一些专家的说法，才会较为周全。

第二个步骤是将所纳进来的事物项目进行“分类”的动作，当项目愈多、愈复杂，愈需要做分类。例如，将主题分为5大类与30小类，在分类的过程中，谨记“彼此独立，互无遗漏”的分类原则，不要让同一项目有所重复或同一类别仍有应纳入的项目而尚未纳入。此外，如果清点的是物品，就需要有另外一栏注明“数量”（如6罐、8条）。这样做的好处是可让我们井然有序地对检核表的主题实施分类式总体检，避免混乱的状况。

最后，也就是第三个步骤是定义记录用的“检核符号”。通常以“○”或“√”表示该项目已存在或准备妥当，“×”表示该项目不存在或尚未准备好，“△”则表示已存在但还需改进的项目。当然，我们仍可自创一些自己想定义的符号类别，这一部分完全由我们自己决定。但符号种类不宜过多，2～4种应已足够，以简明易懂为原则。当这些流程都想好后，就可开始制作检核表，先定义好“字段”，接着就可以向下展开表格，填入相关类别与项目名称。

◎检核表的制作流程

检核表依所要盘点的事物属性可分为两种，一种是与“物品数量”有关的单纯核对清单，以2010年8月由18人组成的台积电公司自行车旅行团从北京出发到巴黎为例。该活动共历时50天，横跨1.8万公里的距离。事前先制作出详尽的B（Beijing） to P（Paris）的powerpoint 计划书，共有30张投影片，部分内容与要准备的物品有关，例如，我们可看到以下的一张团体装备检核表（出国行李物品清单）。

类别	序号	装备名称	数量	检核
5行	5-1	打气筒	1支	
	5-2	外胎	3个	
	5-3	内胎	20个	
	5-4	修理工具包	1组	
	5-5	刹车线/变速线	6条	
	5-6	链条	6条	
	5-7	钢丝	10条	
	5-8	补胎片与工具	20片	
	5-9	轮组（+棘轮座）	1组	
	5-10	急救箱	1个	

续表

类别	序号	装备名称	数量	检核
6补给品	6-1	饮用水	若干	
	6-2	Energy-In	若干	
	6-3	运动摩擦防护霜	2罐	
	6-4	运动健力充电液	2瓶	
	6-5	运动活力保养油	2罐	

（来源：《商业周刊》中的《放手真好！》一文）

以上的检核表由类别、序号、项目（装备名称）、数量与检核符号五栏构成，其中序号的功能在于可让我们知道同一类别下共有多少项目，将所有类别的项目加以统计，就可得出所有的项目数。

另一种检核表与较复杂的主题有关，清点的是事情的完成与否，如果检核当日有一些还没完成的事情，我们可以在右方增加“原因/现象”“改善对策”与“改善日期”等字段，针对未完成事项进行后续的改善管控，形成以下的七栏式表格。

类别	序号	项目	检核	原因/现象	改善对策	改善日期
2	3	督促小明做完小学五年级的暑期作业。	△	小明已写完暑期作业，但是数学的答题准确率不及60%。	利用暑期剩余时间，由爸爸与妈妈轮流指导小明的五年级数学概念，等概念清楚，再教解题技巧。	9/1开学前

为了配合检核符号的评比标准，这种检核表中的项目语句说明应使用正向的肯定用语（如上例中的“督促小明做完小学五年级的暑期作业”），而非否

定句或疑问句的说明方式，才不会造成检核评比上的困扰。

我们也可在生活上，学习企业经营的做法，将这些待改善项目全部集中进行检讨，另外制作成一本《家庭待改善事项建议报告书》。

【生活应用范例】

交房验房检核要点

怡如与大明结婚10年，育有一位3岁小孩，两人都有工作，属于双薪家庭，平时为了存钱买房子，一直都住在公婆家，以节省不必要的开销。前年她与先生讨论过家庭财务后，决定利用这几年辛苦存下的储蓄，为全家3人买房子。但看房过程并不顺利，由于自备款不足以在双北市购房，又寻觅了一阵子，最后经由房屋中介的介绍，总算在林口买了一户总价800万元的电梯大楼预售房，今年即将交房。由于怡如与大明两人对交房该注意的事项并不清楚，又听闻周边许多亲朋好友的案例，都是买房交房后的不愉快经历，让他们既慎重又恐惧。虽然利用假日时间到工地现场看了几次，但毕竟是门外汉，看不出所以然。面对交房日期的追近，怡如心想这样下去不是办法，与其感到无助，还不如去面对，了解不熟悉的事物。于是她与先生分工合作，进行数据收集，问了一些亲朋好友的意见，也上网搜寻数据，寻找相关书籍，最后获得一份洋洋洒洒的数据。怡如利用空余时间整理这些数据时，心想应该做成一份具体的检核表，才方便依不同的交房项目进行验收，减少模糊空间，也较能保障自己的权益。

在做足功课后，怡如完成以下的一份“验房检核单”，准备在交房当天拿到现场一一核对。

<table>
<tr><th colspan="5">验 房 检 核 单</th></tr>
<tr><th>类 别</th><th>小分类</th><th>序号</th><th>项 目</th><th>检核</th></tr>
<tr><td rowspan="7">1. 地板/墙面/天花板</td><td rowspan="3">1. 1地板</td><td>1. 1. 1</td><td>每一处的地板都是实心结构</td><td></td></tr>
<tr><td>1. 1. 2</td><td>地砖铺贴平整且无龟裂</td><td></td></tr>
<tr><td>1. 1. 3</td><td>地砖之间的缝隙一致且<0. 2mm</td><td></td></tr>
<tr><td rowspan="2">1. 2墙面</td><td>1. 2. 1</td><td>粉刷油漆平整</td><td></td></tr>
<tr><td>1. 2. 2</td><td>颜色均匀且无明显刷痕</td><td></td></tr>
<tr><td rowspan="2">1. 3天花板</td><td>1. 3. 1</td><td>粉刷油漆平整</td><td></td></tr>
<tr><td>1. 3. 2</td><td>颜色均匀且无明显刷痕</td><td></td></tr>
<tr><td rowspan="5">2. 门</td><td rowspan="3">2. 1玄关门</td><td>2. 1. 1</td><td>上锁与开锁顺畅</td><td></td></tr>
<tr><td>2. 1. 2</td><td>开关无杂音</td><td></td></tr>
<tr><td>2. 1. 3</td><td>门片与门框无凹损、刮伤或烤漆脱落</td><td></td></tr>
<tr><td rowspan="2">2. 2室内门</td><td>2. 2. 1</td><td>门把或门锁无松动且转动顺畅</td><td></td></tr>
<tr><td>2. 2. 2</td><td>开关无杂音</td><td></td></tr>
<tr><td rowspan="3">3. 窗与窗帘</td><td rowspan="2">3. 1窗</td><td>3. 1. 1</td><td>窗与纱窗开启顺畅</td><td></td></tr>
<tr><td>3. 1. 2</td><td>可紧密上锁且气密度良好</td><td></td></tr>
<tr><td>3. 2窗帘</td><td>——</td><td>收放顺畅</td><td></td></tr>
<tr><td rowspan="7">4. 浴室</td><td rowspan="2">4. 1浴缸</td><td>4. 1. 1</td><td>蓄水检查排水功能</td><td></td></tr>
<tr><td>4. 1. 2</td><td>水龙头与莲蓬头的水量控制正常</td><td></td></tr>
<tr><td rowspan="2">4. 2洗手台</td><td>4. 2. 1</td><td>台面都很平滑无损伤</td><td></td></tr>
<tr><td>4. 2. 2</td><td>下方排水管没有漏水</td><td></td></tr>
<tr><td rowspan="3">4. 3马桶</td><td>4. 3. 1</td><td>排水与冲水量正常</td><td></td></tr>
<tr><td>4. 3. 2</td><td>水箱注水至一定水位即停止注水</td><td></td></tr>
<tr><td>4. 3. 3</td><td>马桶盖没有松动与刮伤</td><td></td></tr>
</table>

续表

类　别	小分类	序号	项　　目	检核
5. 厨房	5. 1水槽	5. 1. 1	水龙头的水量控制正常	
		5. 1. 2	下方排水管没有漏水	
	5. 2台面	——	光滑平整，无刮伤	
	5. 3橱柜	5. 3. 1	门片开关顺畅，都能正常闭合	
		5. 3. 2	抽屉的拉框拖拉顺畅	
		5. 3. 3	橱柜与墙壁间的硅胶紧密贴实	
	5. 4瓦斯炉	5. 4. 1	开关火源的功能正常	
		5. 4. 2	瓦斯软管的接头紧密固定	
		5. 4. 3	排烟软管正确接至户外	
	5. 5排油烟机	——	排烟功能正常	

（来源：《Smart智富》月刊）

附录

综合演练案例

会议演示新利器——“短焦式互动投影机”概念的具体化流程

一、背景说明

说明一

我们在会议上做演示时，通常是以笔记本电脑（NB）搭配单枪投影机，于白板或下拉式布幕上投影出演示内容。面对最常用到的翻页与鼠标点击的问题，由于软硬件上的限制，现行的做法是由另一位同事在台下操控笔记本电脑，依照讲者的说明进度呈现当下所需的页面内容，或是由讲者自己固定在讲台上操作笔记本电脑，或是走到讲台上进行操作。无论是哪一种方式都会影响会议的人员互动性与流畅度，尤其是在台下参与会议的人员进行提问时，讲者不能直接在屏幕上写字，而是要移至旁边的白板空白处以白板笔书写文字或绘制图形，虽然后来有“演示鼠”（一种演示遥控器）、“电子白板”等与演示相关的产品出现，但仍无法全面解决讲解者与听讲者之间进行流畅沟通的问题。

说明二

情境设定在2008年，台湾的投影机市场仍以一般的单枪投影机产品为主，仅有一两家厂商推出最新的“交互式投影机”机种，产品线少而价格贵。X厂商为台湾知名的投影机制造商，为了解决上述沟通流畅度的问题，投下研发经费进行研究。他们认为解决类似问题的关键在于投影机本身的软硬件，必须让目前的单枪投影机的性能进行提升，与讲解者之间具备某些互动功能，才是釜底抽薪的好办法。因此，他们将投影技术结合影像动作识别技术，搭配“互动笔”与“电子白板软件”，提出了“交互式投影机”的新产品概念，也就是将感测组件内建在投影机中，让演示的讲解者可以运用“互动笔”直接对着投影画面操作触控与书写等功能，不受环境背景的限制。此举有利于讲解者与会议人员在相同的沟通平台（人机接口系统的投影画面）上，进行实时的问题讨论与数据分享，达到绝佳的互动效果。

（未来全球投影机制造商的圣杯是研发出类似《星际大战》《关键报告》与《时光机器》等科幻电影中的3D立体交互式投影技术。）

二、选择图解思考工具

接下来，假设我们是制造单枪投影机的X厂商，为了推出新型的投影机，我们要选择本书提到的一些图解思考法进行演练。

首先，我们要了解所有的图解思考法没有所谓对错与好不好的问题，而是以课题为核心，先思考这次任务的类型、性质与阶段性，选择合适的图解思考法；再从这些相关的思考法中，选择能够产生最大“产值”（有最多的想法与论点）的图解思考法作为我们的思考工具。以新产品或改良品的概念产生为例。在产品的研发阶段，我们以开放性的态度探讨各种可能性。此时，我们可以运用水平思考法或NM法列出各种符合条件的新产品，这些新产品之间都有某些程度的替代性，并选出最有可能成形（具体化）的几个方案，筛选过程中，都会同时用到“发散”与“收敛”的技巧，这是第一阶段。

接着进入第二阶段，我们要针对每个方案进行细节研究，可运用九项检核表法或SCAMPER检核表法（奔驰法）来思考，选出最终方案（单一新产品或改良品）。

接下来，我们要列出产品的技术规格，进行后续与生产相关的局部规划。此时，可运用思维导图或九宫格式思考法产生联想，将所需的软硬件规格呈现出来，这是第三阶段。

在本案例中，我们选定“六顶思考帽”（水平思考法）、九项检核表法与思维导图等3种图解思考法作为演练的思考工具。

三、演练过程

第一阶段→运用“六顶思考帽”探讨各种可能性

在此阶段，要从原本的产品——单枪投影机出发。当然，事前的市场资料收集必不可少，先了解其他品牌投影机的最新产品与市场趋势。这就是知己知彼，有助于我们的产品规划。

在本阶段运用“六顶思考帽”，可以让我们听到同一团队人员之间的不同意见，即使是天平两端的相反意见，也都能获得尊重。首先，我们要召开一个运用“六顶思考帽”思考法的投影机新产品的研发会议。除了相关参与人员，也需要一位主持人掌握会议的进行与最后的整合，因此，这位主持人的角色相当重要，他会请与会人员依照不同帽子颜色代表的立场发表意见。经归纳后，我们得到每顶思考帽的思考结果。

1. 白色（white）思考帽（收集资料）

（单纯陈述数字与事实，以揭示真相，进行判断。）

在收集相关卖场的资料后，我们发现目前共有7个单枪投影机的品牌，相关产品有18种，但是我们发现有一家企业，即A厂商生产了一种具互动功能的投影机，价格较原有的单枪投影机贵1～2万元。

（此时，会议的投影屏幕上呈现出整理好的竞争品牌产品分析表格与A厂商这款交互式新产品的数据。）

产品经理："这是台湾地区的现实状况资料，是不是足够，我们还要考虑。我记得日本好像也有类似的交互式投影机，我认为我们也应该顺便收集日本市场的数据，看看这种交互式投影机是不是就是未来的一种趋势？或是因为价格太贵而无法推广。因为，日本市场可作为台湾地区一个非常好的参考指标。"

2. 红色（red）思考帽（直觉判断）

（运用精准直觉对于可能的解决方案进行判断与选择。）

在这顶思考帽之下，出现三种不同的观点：

2.1 "交互式投影机一定是未来的主流趋势，我们应该要加紧研发，赶快推出新产品，否则只能看着原有的产品卖不出去。"

2.2 "这种交互式投影机一方面价格太贵，另一方面，产品的市场接受度还不清楚，应该等到市场形势明朗化之后再来研究。"

2.3 "何必要大费周折推出新产品，只要在我们原有的单枪投影机上外挂一组感测组件，一样可以有互动的功能。"

3. 黑色（black）思考帽（负面表列）

（运用负向的"批判性思考"看待问题，陈述缺点。）

3.1 "交互式投影机看似不错，但如果一旦失败，所遭受的损失将超过以往所有失败产品的总和。"

3.2 "我们本来就有电子白板的产品系列，虽然销售状况不是很好，但可以从这个产品的角度去增加电子白板的互动功能，以强化该产品。"

3.3 "由于市场更新换代的速度很快，如果贸然投入交互式投影机的研发与生产，可能等我们推出时，已有更新的机种出现，我们只能在后面追赶，应该现在就开始研发更高级的机种才对。”

4. 黄色（yellow）思考帽（正面表列）

（运用乐观积极的正向思考陈述优点。）

4.1“如果我们可以打进交互式投影机的市场，它的获利将超过我们现有的所有产品利润。”

4.2“交互式投影机将是今后的主流产品与趋势，我们应该要趁现在赶快投入，才能将市场的大饼做大。”

4.3 “我们从事投影机的制造已有十几年的历史，我认为技术上应该没有什么很大问题，研发部那边也累积了很多资料可以提供答案。”

5. 绿色（green）思考帽（解决问题的方法）

（运用发散式的创意思考，提出解决问题的具体建议。）

在这个阶段，主持人要努力塑造一种自由讨论的氛围，以尽可能获得更多的信息与意见。

主持人：“不知道各位还有没有其他不同的想法？”

5.1 “如果从电子白板产品入手，强化它的互动功能，效果将有限，主要是产品的局限性导致，如果直接从现有的投影机升级加挂一些互动套件模块，还比较简单。”

5.2 “如果要做交互式投影机，还必须有互动笔与电子白板软件的搭配，目前的技术还无法做到像智能型手机的屏幕可直接使用手指触控操作，软件也是一个问题，必须有好的软件才能让产品变得简单实用。”

5.3 “如果要做新的交互式投影机的产品，最好做短焦，因为如果采用一般的投影距离，为了避免讲者挡到感应组件发出的侦测讯号，就要将投影机固定吊挂在比较高的位置，这会影响到产品的使用方便性。”

6. 蓝色（blue）思考帽（控制与整合）

（以全面观照的态度，整合与归纳团队的意见。）

“我们可以从各位的发言中，归纳出三种不同的意见：首先，有人认为只要将原有的投影机产品附加感测组件或是强化电子白板的产品功能即可，也有人认为应抓紧时机，尽快投入交互式投影机的研发与生产，另外，也有人提议应等市场情况再明朗些，再做决定。我这边会汇整这些想法后，提交总经理做最后的评估与确认。”

我们将与会人员针对“交互式投影机”的新产品，在经历每顶思考帽的思考后，将意见整理成如下的表格。

序号	思考帽颜色	代表意义	意见归纳与整理
1	白色	收集资料	• 已有台湾市场的现状资料。 • 增加日本投影机市场的情报。
2	红色	直觉判断	• 未来的主流趋势。 • 对原有的一般投影机产品进行改良即可。 • 等市场情势明朗化后再做决策。
3	黑色	负面态度	• 如果失败，损失会很巨大。 • 加强电子白板的互动功能。 • 跳过交互式投影机，研发更高级的机种。
4	黄色	正面态度	• 如果成功，获利将超过所有的产品。 • 投入新产品的生产，可将市场做大。 • 研发能量没有问题。
5	绿色	解决问题的方法	• 电子白板的互动功能有限。 • 必须有互动笔与电子白板软件的搭配。 • 要做短焦的产品。
6	蓝色	控制与整合	三种不同的意见： • 行动派→立即研发与生产。 • 否定派→强化原有的产品功能即可。 • 观望派→等待市场情况明朗化。

当然，在“六顶思考帽”的会议进行前，与会人员心中都有自己的想法，

这些想法可能是基于自己多年的专业经验做出的判断，或是自己心中的既定成见，形成正反两方的不同意见，这并不是一件坏事，因为“六项思考帽”思考法的主要目的就在极力避免企业“一言堂”现象的出现，让正反两方的意见并呈，使企业高层可以利用此机会好好检视自己的思考逻辑与决策内容是否还有疏漏的地方。同时，在执行技巧上，每一位参与会议的人员都会经历不同思考帽（思考方法）的思考过程，一场会议下来，可以让持不同意见的人员在说明理由的过程中，让双方针对问题而聚焦，最后彼此恍然大悟，因为说明为什么如此想的原因（why）会比同意/不同意（what）来得重要。

接着，公司的高层主管还会再经过评估，可能会召开相关主管参加的评估会议，以决定是否要投入交互式投影机的研发与生产，并公开告知决策考虑点，这里假设的情境是在收集与分析日本市场的情报，并整合目前台湾市场的现状后，公司高层已认定交互式投影机已是一个市场趋势，也是一场市场生存的淘汰战，决定毫不迟疑地加入交互式投影机的研发与生产。

第二阶段→运用九项检核表法规划产品的属性

在此阶段，我们要以远距离观察的眼光，学习使用“九项检核表法”仿真交互式投影机的产品属性与相关事物间的关联性。

（注：以下数据取材自《iThome计算机报》。）

1. 转用（put to other uses）（use A for B purpose）

1.1 这种互动投影技术除了可用在垂直的墙面上，也可以用在平面的屏幕上。例如，在展览会场的地面上，投影出水中有鱼的水池画面，当人们踩过地面时，就有阵阵的涟漪与鱼群受到惊吓而散开的画面。

1.2 在学校常见到投影机与内建感测定位装置的电子白板的组合应用，现在将感测定位装置调换位置，直接内建在投影机中。

2. 调整（adapt）（a+b+c→A（**转化**）→A）

2.1 从Wii游戏机或Xbox 360的Kinect中的体感功能获得灵感，将这种互动操作的功能套用在投影机上，就成为交互式投影机。

2.2 将书写黑板的粉笔功能套用在互动笔上。

3. 修改（modify）（A→A’）

投影距离必须比现有的单枪投影机还短，也就是做成“短焦”或“超短焦”，才能在与墙面较近的距离投射出大画面，也不会让讲者的动作影响到感测模块发出的讯号。

4. 扩大（magnify）（a→A）

4.1 交互式投影机必须另外配置“互动笔”与“电子白板软件”进行触控与书写，可运用电子白板软件让互动笔成为画笔（有颜色与粗细的选择）或鼠标光标。

4.2 将单纯的投影画面，增加触控与书写功能，就成为大尺寸的触控与可书写的屏幕。

4.3 在屏幕上书写的文字与图形也能储存为图档档案，作为会议记录或数据分享使用。

5. 缩小（minify）（A→a）

5.1 发展外挂式的互动模块套件，让现有的一般投影机也能具有互动功能。

5.2 随着技术进步，体积与重量可较现有的投影机产品来得轻巧。

6.替换（substitute）（A→B，A≠B）

6.1 运用手机、平板计算机等行动装置，直接无线传输到投影机演示数据，也是一项替代方案。

6.2 也许目前都不是很好的选择，最终版的产品是开发出可做3D立体投影的新产品，并让手指可进行隔空的触控操作。

7. 重整（rearrange）（A→B，some relationship between A and B）

7.1 可另外发展专门为建筑业、制造业使用的桌面触控传感器，将画面投影在桌面上的图纸，进行触控操作，分享现场讨论的信息。

7.2 可搭配平板计算机iPad使用，先从iPad下载电子白板的App软件，再以远程遥控操作投影画面，讲者只要以手指在iPad平板计算机上操作即可。

8. 逆转（reverse）（A↔B）

另有一种内建计算机主机的大型触摸屏的解决方案，除了无法便利携带外，它一样可以达到交互式投影机的效果，而且不需互动笔，可直接以手指操作。

9. 结合（combine）（A+B=C）

9.1 交互式投影机是一种结合投影技术与影像动作识别技术的新产品，不需碰触屏幕，就能产生互动效果。

9.2 结合平板电脑与智能型手机的更新运用也是未来的市场趋势。

经过以上的探讨后，我们可以筛选出一些数据，作为交互式投影机的雏形，接着，再运用下一阶段的“思维导图”描绘出该产品的细节与具体形象。

第三阶段→运用思维导图让产品具体化

在此阶段，我们要以近距离观察的眼光开出新产品的技术规格，将交互式投影机产品具体化，我们可用思维导图这项思考工具进行讨论。

○产品名称与类型

X品牌可携式短焦互动投影机

○产品属性

◎感应侦测组件原理

运用红外线感测技术进行侦测、感应，将信息回馈到系统，以触发相对应的互动效果。

◎分辨率：1280×800（WXGA，宽屏幕）

◎亮度：3,000流明

◎投影技术：DLP

◎投影画面尺寸：52～120英寸

◎价格：45,000元

○搭配的工具

◎硬件：互动笔（采用DLP投影技术）

外形：红白二色笔身，具流线型弧度。

操作原理

借由互动笔上的镜头追踪机器投影出的隐形编码信息来定位，可不需经过定位校正，即可直接使用。

操作方式

可贴在投影墙面做近距离的书写，或是远距离的隔空书写、操作。

笔杆上有滚轮与鼠标左右键，方便翻页。

触压互动笔笔头时，具有鼠标左键的效果。

电力：以mini USB口充电

◎软件：电子白板软件（内建感测定位模块）

画笔工具箱

可将互动笔的光标切换成画笔（开启画笔工具箱），就能在投影画面中书写文字或绘制图形，也能调整画笔颜色与粗细，或是开启白板功能来书写、绘图。

演示辅助：具有翻页、放大、截取图片等演示辅助功能。

储存功能：能储存投影屏幕上出现的文字与图形档案。

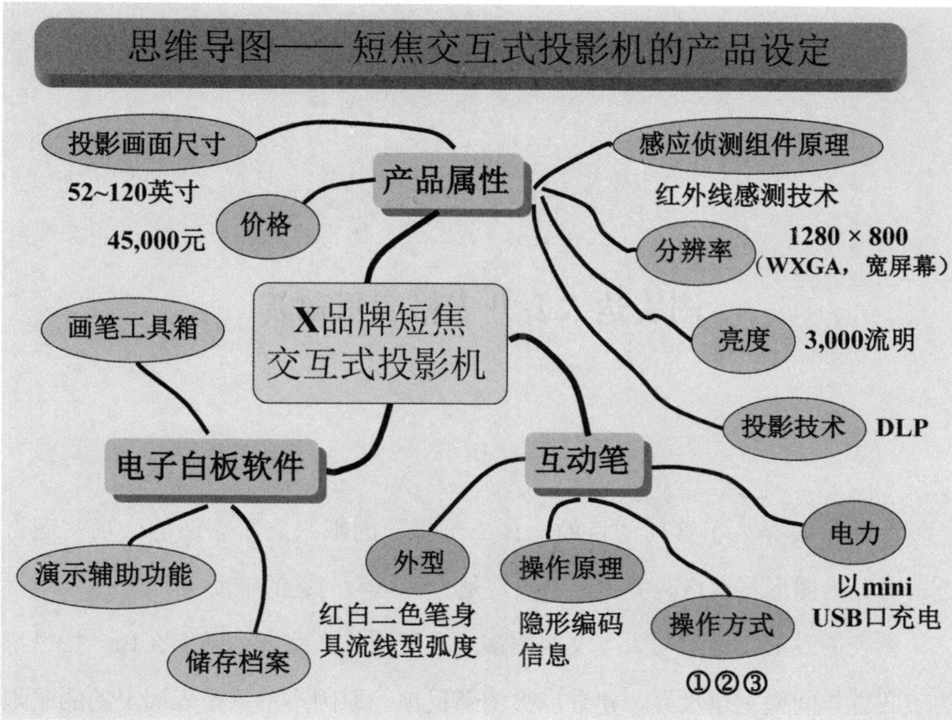

以上介绍的是将“交互式投影机”产品概念的具体化流程，设定好产品的一些软硬件细节，接下来，因为还要让产品能够生产出来，在市面上流通，提供给消费者使用。这时，可以运用5W2H法、EFFECT分析法与计划评核图（PERT）等思考工具，帮助我们厘清、设定与生产相关的所有细节。

图表达人公开表格应用秘笈

图表是人类为了管理的目的，在二维平面的纸张上所创造的一项文明奇迹，可分为图形与表格两类图解领域，是一种思考问题的辅助工具。

图表的发展、运用与人类文明的演进息息相关，欧洲列强能在16～19世纪的三四百年间横扫全世界，建立广大的殖民地，原因不单只是表面上的船坚炮利，还有用图表作为深一层的分析工具，在对外探险扩张或巩固占领地时，有效分配与调度资源，所以进展顺利且达成目标。例如，成立于1602年的荷兰东印度公司（VOC）拥有一批良好的管理人才，就是运用图表管理庞大的殖民地事务的。

这些历史性的图表文件目前都见诸欧洲各国的博物馆或历史文献档案馆中，形成珍贵的历史文物。反观同时期的明清两朝，还是不知运用图表建立全国一致的系统化计量管理制度的帝国，列强屡次侵犯得逞，这也是很重要的原因之一。

图表不仅能用在政府的治理上，作为决策的辅助工具，也能用在企业与一般民众的生活中，无论是工作、个人或家庭层面都经常有机会用到。前文我们已经依不同的生活情境介绍了13种图解式思考的图表给大家，现在我们谈谈表格在家庭管理上的运用。

其实，家庭管理主要就是在管控家庭财务的流向与异常情况，并设法加以维持或解决。这是与钱有关的事物，一般可分为常态性与非常态性支出两类。例如，水/电/瓦斯费、保险费、按月清偿本金与利息贷款的房贷与车贷，由于可以预期每个月的支出金额，属于一种常态性支出，类似企业的固定成本概念。

而非常态性支出则包括医疗费、水电维修费等临时支出的项目，无法预料。这些费用类似企业的变动成本概念。

无论是常态性或非常态性的家庭支出，都可以用表格进行管理。先分类别建档，再将详细的内容一一填入表格中，而“字段”的设定相当重要，它可以决定我们想获取的信息内容，甚至帮助我们做出决策。

我认为一般家庭可以建立以下4种计算机表格，并依时间序列排列。

1. 水/电/瓦斯/电信费（含计算机宽带上网费）

运用Excel依缴费的年度与月份记录金额，并在表格的上方或下方加入一些必要的说明数据。以电信费为例，形成如下的格式：

◎**电信费**

“中华电信”股份有限公司台北北区营运处，台北市长春路27号，客服专线：123。

（2001年7月装设“中华电信”ADSL宽带网络，目前速率为5M/384K）

	1月	2月	3月	4月	5月	6月	7月	8月	9月	10月	11月	12月
2014年	987	972	977	928	917	910	909	979	946	964	1,018	932
2015年	712	959	845	924	864	828	777	791	814	848	867	888
2016年	885	731	826	734	697	726	765	748	733	700	712	698

此外，水/电/瓦斯等事业单位所寄来的单据上面会有一些用户的基本数

据。例如，台北区瓦斯的用户号码，有了这份表格，只要保留最新一期的单据即可。

2. 水电维修费

水管与电线插座这一类的水电设施都属于房屋基础设施的一部分，与民众的生活息息相关，相信大家都有找过住家附近或熟识的水电师傅到家里维修的经验。

建立这份表格可以让我们知道在何时、何种情况下，这位水电师傅做了哪些服务与收费标准。我们也可以知道问题所在与维修密度。如果还是一直修不好，就要想别的办法来解决（其实，水电师傅也分不同的等级）。

我会依家里的不同场所建立这份表格，也包括水电师傅的联络电话，以屋顶安装的加压马达为例，该份表格的样貌如下：

◎屋顶——加压马达

设备名称	修缮日期	修 缮 事 由	修缮费用
TP825 1/2HP （1999.12.购入） 大井**：2555****	2007.8.26	马达上方的不锈钢弯管和塑料水管之间的缝隙轻微漏水。 →更换新的塑料水管，并仔细以胶水涂布。	300元 （蔡R） 2556****
TP825 1/2HP （2012.3.7更换） 大井**：2555****	2012.3.7	2/10新马达启用后，水量时大时小 →2/10新装设的加压马达压力较高（达4～5kgs），安培数过大，导致热保护器跳脱，马达不启动（产品异常）。 →更换为新的大井加压马达（蓝色，1/2HP） →请服务人员拆卸家中所有的水龙头滤网加以清洗，保持水流畅通。 →自己再将卧房浴室的洗手池水龙头滤网卸下，如此即有热水。	—— （大井**） （有产品服务单）

3. 家具/器材/设备购买与维修费

这是一张家庭的物品清单，例如，购买新的台式计算机、电子防潮箱等设备，都可以用表格建文件，我会在同一物品下，依厂牌、型号、产品特色、购买价格、日期与地点等字段填入相关数据，往后如果需要维修，这些维修记录就要跟着这张表格走，列在下面，以我所买的台式计算机为例，这张表格的样貌如下：

◎**家庭设备购买与维修费（见所附的word档）**

有一次我运用这份表格省下一笔费用，那是我家的桶式饮水机因上盖板破裂需要更换，我打电话给厂商说明原委——

我：“请问换一片饮水机的上盖板要多少费用？”

厂商：“请问型号？”

我：“UW 720A。”

厂商：“这样要800元。”

我：“奇怪耶！上次换只要500元，怎么这次要800元，我都有记录。”

厂商：“这……那我们再查一下。”

（不到5分钟）

厂商：“先生，不好意思，是我们弄错了，500元没错。”

你看，这样就可以省钱，还能间接告诉厂商诚实做生意的重要性。因此，我们在打电话给维修的厂商前，请先看一下物品的维修记录，心里先有个底。

此外，有些物品附有产品保证书，这些保证书都应该统一收集起来，以专用的档案夹存放，才不会要用时一时找不到。

以上建立3种表格的主要目的是要发现有无异常，并算出异常部分的百分比，找出原因，谋求改善。例如，这个月电费与去年同期比较，增加了30%，就要问是电费大幅上涨造成的还是另有其他原因。

4. 病历记录

这是一张个人与家庭的就医看诊记录，家中每个成员都有个人专属的病历记录，先设立年/月/日/星期、症状、医生处置、用药、医疗费用与备注等9个字段，往后在诊间记笔记或细心听完医生的说明后，再将这些内容记在病历记录的表格中。

这是一份十分有用的表格，不只是能统计医疗费用而已，还能建立个人的专属病史，尤其是有“三高”等慢性病的家属，方法是在这份可能高达数百页的病历记录中，摘取重点，另外制作成图表，向医师做口头说明。

可能有人会觉得“干吗这么累？”“听医生的就行了！”没错，分析与判断是医生的专业，可是医生不是万能，当你换了新医生、要转院治疗或家人突然有状况，要紧急送到大医院的急诊室时，想想看，医生一天要看多少病人？尤其是急诊室的（住院）医生分秒必争。因此，医生不可能在非常短的时间仔细看完当事人厚厚的一叠病历。如果病人家属尽力将病人的病史整理好，绘制成图表，此时，这张病史表格就能派上用场，加上家属的口头说明，也许就可以增加病人被抢救成功的机会。

以我的父亲为例。他曾经多次进出医院的急诊室，当时我都会随身带着父亲的病史图表做说明，缩短医师的诊断时间。后来在2011年的1月父亲因在原医疗院所治疗前列腺癌无效，想帮父亲转到别的医院就医。于是我从父亲的表格式病历记录中，另外制作一份powerpoint的箭线图表，作为与新医生之间的说明工具。这是父亲在过世前，我为他所做的最后一张医疗图表。

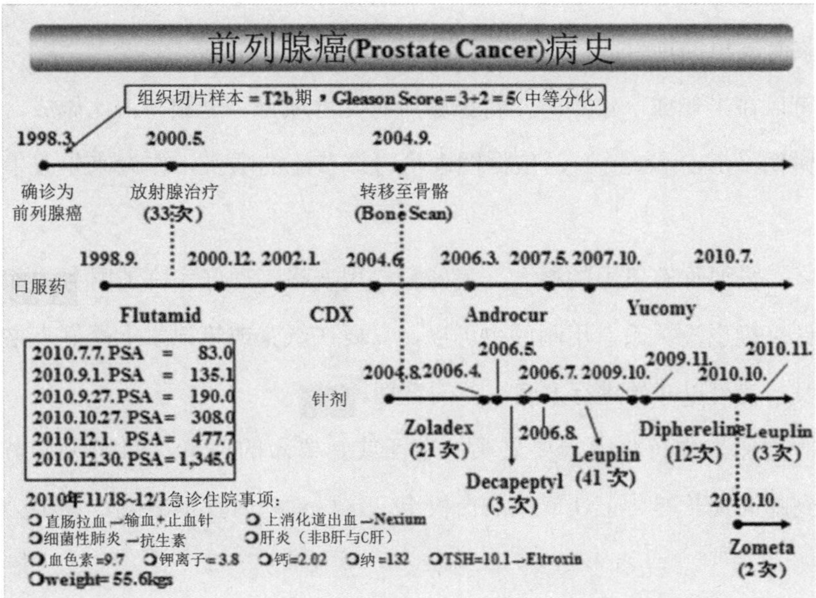

这份图表自上而下拉出3条箭线，代表治疗方式、口服药与注射针剂的历史，前后为12年，左下角为前列腺癌PSA指数的后期变化与最近一次的住院记录，这些都是医生相当重要的参考信息。

此外，相关的医疗收据要妥善保存，作为来年申报综合所得税时的列举扣除额的就医证明之用。

如果我们想缩减家庭的开支，以上4种表格的相关费用不容易缩减，比如水管漏水，不能因为经济原因，就放着不管。倒是有些开销，可以再做商榷，比如手机费、信用卡费、物品购买费等，记得信用卡费在下个月的缴交期限前要一次缴清，尽量不要动到高利率的循环信用利息，因为这对家庭的财务伤害很大。

如果你有自有房屋，每年还要缴纳房屋税与地价税，加上房贷、车贷、保险费等开支，这些支出是由你的（薪资）收入来支付，因此，你还可以再做一张整合收入与支出的“现金流量表”，在扣除所有的费用后，比较理想的情况是每个月你还可以保留一笔可以弹性运用的自备款，以应付诸如搬家、看医生等需要临时支出的项目。

你可以在半年或一年到时，将家庭所有支出项目、金额与占比做成一张总表或圆饼图（pie chart），依据图表检讨该节流的项目，作为来年改善的参考。

总之，只要你有以上的概念，就能轻松用表格管理好家庭的财务，即使你不会用计算机也没关系，用画的也可以，只要在纸张或笔记本上画好表格，建立好字段，就可以开始进行家庭事务的管理。

另一方面，你可将隔天要采买的东西或是要做的琐事，例如买牛奶、干电池、到邮局提款等，记在家里的白板上，这样你随时都能看到，就不会遗忘了。

至于在未来的某个时间点，有待办或注意事项的话，我的习惯是记载在年度的记事本上，我比较偏好的格式是一周两页，并以整点作为区隔，如上午08:00、09:00、10:00等。例如，2012年11月29日的晚上07:00应邀到台湾大学演讲的行程，我就会在当天晚上的07:00字段注明“台大演讲”与讲题：“图像式思考、绘图与Information Graphics的介绍”。这也是一般人的记事方式。

另外，当我在看有线电视的知识性节目时，遇到有兴趣的主题，我会运用康乃尔笔记法（Cornell Method）记录内容，所谓康乃尔笔记法是由美国的康乃尔大学教授波克（Wslter Pauk）在1950年研发出来的一种笔记法，可以用来记录、整理与吸收大量的信息，适用于个人求知、学生课堂记笔记与上班族承接工作、会议记录等时机。

由于它具有Reduce（精简）、Recite（复诵）、Reflect（回溯）、Review（复习）与Record（记录）等特色，又称为“5R笔记法”，能将学习到的知识放入大脑的长期记忆区保存，不易忘记，成为专家最常推荐的笔记法。

使用方法是先画出两条直线将笔记本的页面区分为三部分：关键词区、笔记区与摘要归纳区。

1. 关键词区

可以收纳笔记的标题或是联想到的关键词与疑问点，这一部分必须在听讲结束后立即进行，趁着记忆还很鲜明时，重头回顾一遍，这样的效果最好，同时，疑问点可通过收集数据或请教专家的方式，进行确认。

2. 笔记区

在现场听讲时记录重点的区域，可以使用自己看得懂的符号或缩写进行快速记录，如果速度太快，有所遗漏，就先留白，等到事后再进行确认。

3. 摘要归纳区

在听讲经过一段时间后，例如：1～2天，也不宜太久，凭记忆归纳出重点记在这里，等于是温故知新，往后在复习时，只要先看这一部分，就能唤起记忆，不会遗忘。

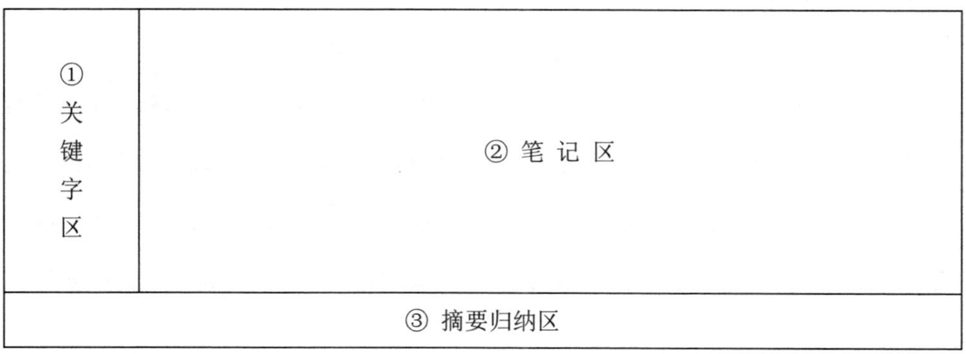

例如，我曾经看过关于英国造纸机造纸过程的节目，这时我会在左上方的关键词区，先写下“英国福伊特四号造纸机”的文字，接着在右上方的笔记区快速记下“长200公尺、造价4.5亿欧元、投入纸浆、产出为100吨的纸卷……”等相关内容；节目一结束，我接着进行关键词区的补充，比如造纸机

的电力来源、纸卷进印刷厂后的裁切方式等疑问点，等到查明后再补充进去；等到隔天，我再归纳出重点，写在最下方的摘要归纳区，有时，我也会在笔记区与摘要归纳区画一些插图或图表等有助于记忆与理解的图像数据。

我的许多知识就是从康乃尔笔记法进行延伸、设想与确认，获益良多。它可说是一种在填写过程中，设想出新观点并充满笔记乐趣的手写式记录法，日本已发展出多种不同款式的康乃尔笔记本以满足学生与上班族的需求。

至于我们在工作上会用到的图表，在一般情况下，主要有三种：统计图形、表格与关联图。统计图表可做事物间的比较，关联图则是一种可说明事物的因果或从属关系的图解技巧，由内含文字的图框与连接图框的箭头或线条组成。那么，我们在工作上要如何活用这些图表呢？

由于我们常需要制作企划书/报告书一类的文书，除了纯文本的表达外，世界各国企业的趋势都是将这类文书制作成可视化的商务报告书。方法很简单，关键在原始的报告书上，它的来源可能是你费尽千辛万苦、从一堆资料中依据金字塔架构的逻辑所构筑而成的纯文本报告书，或是别人执笔写成的一篇文章。这时，我们要先理解文章的架构所在，这是第一步。

接着，从文章的段落与文句中，寻找可以做成可视化的素材。这些素材通常与数字（刻度）有关，可抽离出来制作成统计图、表格或XY轴象限图/定位图。另一类则与关键词有关，方法是在剩余的文章段落中，注意这些关键词是否可相互串联，形成事物之间的因果关系或上下的从属关系，再制作成关联图。

接下来，我们就可以将制作好的图表进行分配与放置，在powerpoint档中，是放在相关的投影片上，在word档中，是放在相关的文字段落附近。

最后进行修图与美编加工，再反复检查架构（目录）之间、标题与文字说明之间的逻辑是否正确。如此，我们就完成一份具传达力的可视化报告书了。

其实，我与图表的渊源是在以前进日系的广告公司开始，由于日本人重视信息、讲究图表运用的习性，在十几年的职场生涯中，我可以接触到一些日本人制作的图表，有时只能用惊奇二字形容。

而全球有三大图解绘制与出版能量的大国，日本第一、英国居次，美国第三，而日本又遥遥领先英国与美国的创作水平。像图解领域的3D计算机绘图（CG）的精密度与出版的含金量最高，相对地，所需投入的人才、时间与成本也最高，可以说是全球出版界所极力想争取与创作的“圣杯”。日本已制作出一些3D计算机绘图的图解出版作品，并在世界获得极高的评价。

由于自己在职场上培养的对图表的敏锐度与绘图的能力，加上兴趣与坚持质量的原则，让我走上商业类图解书创作的道路，而我写书的规格是在跨页式的两页页面中，一页是纯文本的分析文章，另一页则是关联图与统计图表的图解部分。如此，可让读者在图文对照的阅读体验中，达到快速理解与吸收的目的。

目前我已出版了四本有关文章写作、企划演示与图解思考的图解书：《图解金字塔原理》《图解提案学》《图解数据学》与《会图解思考的人最厉害》4本工具书，都属于图文创作领域的作品。